하루 하나! 지식 쑥쑥!
생물의 신기한 발견! 365 퀴즈
옮김 김나정
감수 이마이즈미 다다아키(일본 동물 과학 연구소)
한국어판 감수 한영식(생태교육연구소 한숲)
은하수 미디어
EUNHASOOMEDIA

차 례

1월의 퀴즈

2월의 퀴즈

3월의 퀴즈

4월의 퀴즈

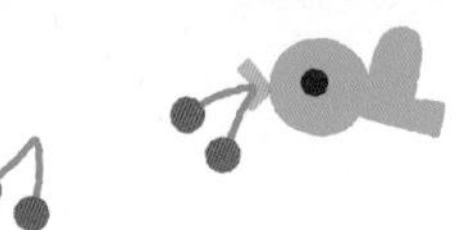

5월의 퀴즈

6월의 퀴즈

7월의 퀴즈

8월의 퀴즈

9월의 퀴즈

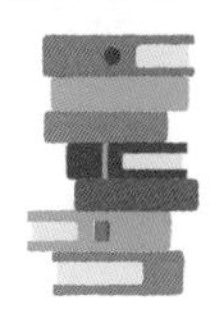

10월의 퀴즈

11월의 퀴즈

12월의 퀴즈

여덟 가지 동물 분류

이 중에서 여러분의 흥미를 끄는 것은 무엇인가요?

포유류

토끼·북극곰·알파카·눈표범·멧돼지·사자·치타·얼룩스컹크·자이언트판다·레서판다·고슴도치·일본원숭이 등

조류

매·참수리·군함새·벌새·앨버트로스·수리부엉이·비둘기·타조·사랑앵무·백조·까막딱따구리·참새 등

양서류

파충류

남생이·도마뱀·그린아나콘다·나일악어·독사·뿔도마뱀·도마뱀·청개구리·황소개구리·악어거북·솔방울도마뱀 등

어류

수중 생물

산갈치·마리모·홍연어·철갑상어·녹새치·광어·넙치·짱뚱어·문어·해마·가든일·눈볼대·모치·가오리 등

갑각류

다지류·복족류

킹크랩·미국가재·꽃발게·털게·징거미새우·딱총새우·갯반디·소라게·공벌레·물벼룩 등

곤충류

거미류

도롱이벌레·섬서구메뚜기·애매미·참매미·유지매미·긴호랑거미·물방개·소금쟁이·폭탄먼지벌레 등

미생물

짚신벌레·종벌레·연두벌레·아메바·완보동물 등

공룡

안킬로사우루스·데이노니쿠스·티라노사우루스·트리케라톱스·갈리미무스·프테라노돈·니게르사우루스·스테고사우루스·파라사우롤로푸스 등

1월의 퀴즈

산토끼의 귀는 왜 긴 걸까?

1 눈에 잘 띄려고

2 땅을 파기 위해

3 소리를 모으기 위해

산토끼는 기다란 귀를 안테나처럼 여러 방향으로 움직일 수 있어요.

【산토끼】

매는 시력이 얼마나 좋을까?

1월 2일

【매】

1. 인간의 두 배
2. 인간의 네 배
3. 인간의 여덟 배

매는 부리와 발톱이 크고 날카로워서 높은 곳에서도 먹이를 발견해 낚아챌 수 있어요.

양서류 파충류

연못 등에 사는 거북은 땅으로 올라와서 무엇을 하는 걸까?

거북은 연못이나 논처럼 물이 있는 곳에 살아요.

【남생이】

1 햇볕을 쬐며 몸을 따뜻하게 한다.

2 먹이를 찾는다.

3 영역 다툼을 한다.

1월 1일 퀴즈 정답 3

산토끼는 크고 긴 귀로 주변의 소리를 모아서 작은 소리도 잘 들어요. 또한 산토끼가 달릴 때 몸에서 나는 열을 밖으로 내보내는 역할도 한답니다.

‘게들의 왕’으로 불리는 킹크랩의 다리 길이는 얼마나 될까?

1 25센티미터

2 50센티미터

3 1미터 이상

【소라게】

킹크랩은 사실 게가 아닌 소라게의 한 종류예요. 평소에는 바다 밑바닥에서 생활한답니다.

1월 2일 퀴즈 정답  3

매는 시력이 아주 좋아서 1.5킬로미터 너머에 있는 산토끼도 발견할 수 있어요.

망막
빛을 느끼는 기관으로, 세포 수가 인간의 7.5배나 된다.

빗살구역(즐상대)
움직이는 대상을 찾는 데 도움을 준다.

렌즈
재빨리 초점을 맞춘다.

1월 5일

새하얀 털로 뒤덮인 북극곰의 피부는 무슨 색일까?

【북극곰】

1. 하얀색
2. 검은색
3. 옅은 주황색

추운 지역에 사는 북극곰의 피부 밑에는 두께가 10센티미터나 되는 지방층이 있어요.

1월 3일 퀴즈 정답 1

거북은 스스로 체온을 조절하지 못해요. 그래서 햇볕을 쬐어 몸을 따뜻하게 하지요. 이렇게 햇볕을 쬐는 것을 '일광욕'이라고 한답니다.

산갈치를 본떠 만든 전설 속 동물은 무엇일까?

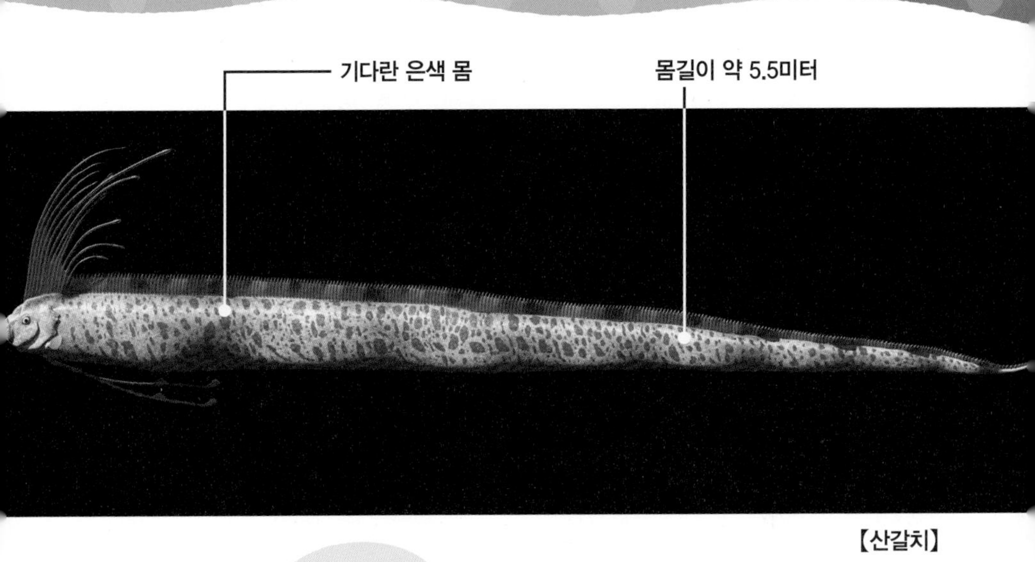

【산갈치】

1. 용
2. 인어
3. 유니콘

용궁

'용궁의 심부름꾼'으로 부르기도 한답니다.

아주 깊은 바닷속에 사는 산갈치는 몸길이가 5.5미터나 되는 커다란 물고기예요.

1월 4일 퀴즈 정답 3

킹크랩은 어른의 허리 위 크기만 해요. 몸통이 약 25센티미터이니, 그에 비하면 다리가 무척 긴 편이지요.

1월 7일

안킬로사우루스는 자기 몸을 어떻게 보호했을까?

【안킬로사우루스】

1. 망치 같은 꼬리를 붕붕 흔들었다.
2. 몸을 동그랗게 말아 몸통으로 박치기를 했다.
3. 두 발로 서서 앞발을 휘둘렀다.

초식 공룡인 안킬로사우루스의 등가죽은 갑옷처럼 단단했어요. 몸길이는 8~10미터 정도였지요.

1월 5일 퀴즈 정답 2

검은색은 열을 잘 흡수하는 색이에요. 북극곰의 털은 자세히 보면 투명해서 피부가 햇빛을 잘 받을 수 있답니다.

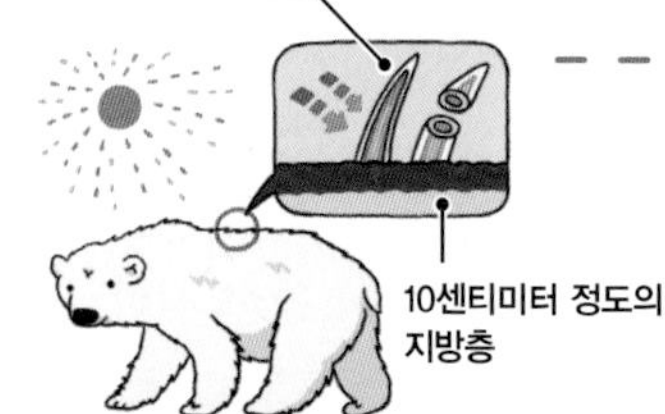

도롱이벌레는 어떻게 도롱이를 만들까?

1월 8일

나뭇가지에 매달린 도롱이 속에는 도롱이벌레의 애벌레가 살고 있어요.

【도롱이벌레】

① 입에서 뿜어낸 실로 작은 나뭇가지를 이어 붙인다.

② 다른 벌레가 만든 주머니를 사용한다.

③ 부모에게 작은 나뭇가지를 받아서 쓴다.

1월 6일 퀴즈 정답 ②

일본에서는 인어가 산갈치를 본뜬 전설 속 동물이라고 여겨요.

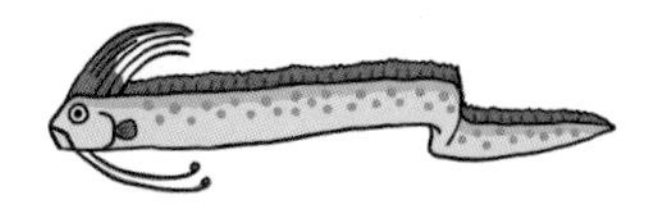

도마뱀붙이는 꼬리가 잘리면 어떻게 될까?

도마뱀붙이는 뱀과 도마뱀의 한 종류예요. 건물의 담벼락 등에서 발견할 수 있지요. 도마뱀붙이와 비슷하게 생긴 도롱뇽은 양서류에 속해요. 도롱뇽은 물가에 살고 배가 빨간색이랍니다.

【도마뱀붙이】

【일본붉은배영원】

1 피가 철철 흐른다.

2 꼬리가 잘린 채로 지낸다.

3 다시 새로운 꼬리가 자란다.

1월 7일 퀴즈 정답 1

안킬로사우루스는 망치 같은 꼬리를 흔들어 육식 공룡과도 맞서 싸웠다고 해요.

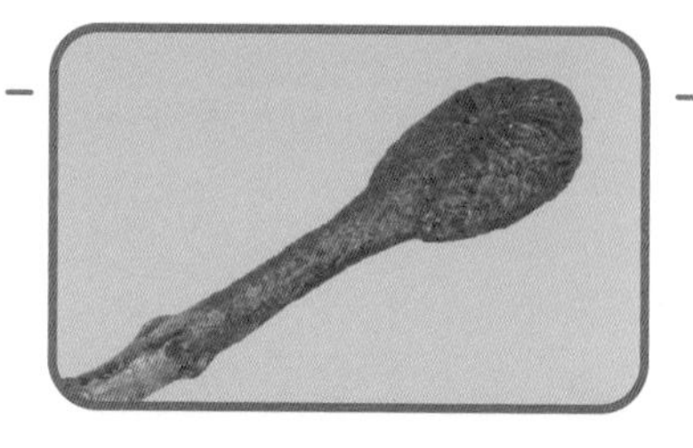

알파카의 털을 옷에 이용하는 이유는 무엇일까?

【알파카】

1. 열을 내보내는 성질이 있어서
2. 열을 유지하는 성질이 있어서
3. 세탁하기 쉬워서

1월 8일 퀴즈 정답 1

도롱이벌레는 입에서 뿜어낸 실로 작은 나뭇가지와 마른 이파리를 이어 붙여 몸 주변을 감싸는 도롱이를 만들어요.

마리모는 동그란 모양이 되기 전에 어떤 모습이었을까?

1 실

2 알갱이

3 네모

마리모는 물속에 사는 해초류로 추위에 강하고 더위에 약해요. 마리모가 사는 물의 온도는 15~20℃ 정도가 적당하답니다.

【마리모】

1월 9일 퀴즈 정답 3

도마뱀붙이는 꼬리가 싹둑 잘려도 괜찮아요. 잘린 부분에서 새로운 꼬리가 다시 자라기 때문이지요.

눈표범이 잘하지 못하는 것은 무엇일까?

【눈표범】

1. 구멍 파기
2. 헤엄치기
3. 나무 타기

눈표범은 호랑이, 사자와 같은 고양이과 동물이에요. 높고 추운 산에 살며, 단숨에 15미터나 뛰어올라 사슴 같은 먹잇감을 노린답니다.

1월 10일 퀴즈 정답 2

기온이 낮은 곳에 사는 알파카의 털은 추위에 강하고 열을 오래 유지하는 성질이 있어요. 그래서 알파카의 털은 스웨터 등의 겨울옷에 주로 쓰인답니다.

섬서구메뚜기는 등에 무엇을 태우고 다닐까?

【섬서구메뚜기】

1. 새끼 섬서구메뚜기
2. 수컷 섬서구메뚜기
3. 암컷 섬서구메뚜기

작은 메뚜기가 큰 메뚜기 등에 업혀 있다고 해서 '어부바메뚜기'로도 불려요.

1월 11일 퀴즈 정답 1

마리모는 일본 홋카이도의 호수에 사는데, 실 같은 작은 세포들이 뭉쳐서 동그란 모양을 이루어요. 물살이 세게 흐르지 않는 곳에서는 데굴데굴 구르지 못해 동그란 모양이 만들어지지 않아요.

멧돼지는 어떻게 먹잇감을 찾을까?

숲속에 사는 멧돼지는 아침과 밤에 주로 활동해요. 2미터 높이의 장애물도 풀쩍 뛰어넘는답니다.

【멧돼지】

새끼 멧돼지의 등에는 참외처럼 세로로 줄무늬가 나 있는데, 어른이 되면서 점차 없어져요.

1. 냄새를 맡는다.
2. 소리를 듣는다.
3. 큰 소리로 운다.

1월 12일 퀴즈 정답 2

눈표범은 몸이 젖는 것을 싫어해요. 추운 곳에 살아서 헤엄을 치지는 못하지만 추위에 아주 강해요.

아나콘다가 한 번에 삼킬 수 있는 동물의 크기는 어느 정도일까?

1. 닭
2. 멧돼지
3. 송아지

【그린아나콘다】

세계에서 가장 큰 뱀인 그린아나콘다는 열대 우림의 물가에 살아요. 몸길이가 무려 4미터에서 9미터에 이를 만큼 거대하답니다.

1월 13일 퀴즈 정답 2

섬서구메뚜기 암컷은 수컷보다 몸집이 커요. 수컷은 짝짓기 상대인 암컷의 등에 올라탄 채 생활한답니다.

데이노니쿠스는 크고 날카로운 발톱으로 무엇을 했을까?

【데이노니쿠스】

1. 먹잇감의 고기를 잘랐다.
2. 단단한 나무 열매를 깼다.
3. 경사진 곳을 올랐다.

1월 14일 퀴즈 정답 1

멧돼지는 코로 흙을 판 뒤 냄새를 따라가 먹잇감을 찾아요.

1월 17일

곤충류·거미류

수컷 매미의 배 속에는 무엇이 들어 있을까?

1 심장

2 똥

3 거의 비어 있다.

【애매미】
8~9월에 볼 수 있어요.

【참매미】
7~9월에 볼 수 있어요.

지글지글

【참매미】
7~9월에 볼 수 있어요.

매미는 여름이 되면 큰 소리로 우는데, 수컷만이 울음소리를 내요. 종류에 따라 울음소리와 볼 수 있는 시기가 다르답니다.

1월 15일 퀴즈 정답 3

아나콘다는 입을 위아래로 쫙 벌려 자기 몸보다 더 큰 동물도 한 번에 삼킬 수 있어요. 주로 새나 개구리, 물고기, 악어를 잡아먹어요.

다음 중 땅 위에서 가장 빨리 달리는 동물은 무엇일까?

1월 18일

【타조】

1 타조

2 사자

3 치타

【사자】

【치타】

1월 16일 퀴즈 정답 1

육식 공룡인 데이노니쿠스는 커다랗고 날카로운 발톱으로 먹잇감을 잡아 뜯어 먹었던 것으로 보여요.

공룡이 살던 시대의 기온은 어땠을까?

공룡의 몸이 매우 커다란 것과 관련이 있어요.

1. 지금보다 10℃ 이상 낮아서 추웠다.
2. 지금과 크게 다르지 않았다
3. 지금보다 10℃ 이상 높아서 더웠다.

1월 17일 퀴즈 정답 3

수컷 매미는 배를 울려서 소리를 내는데, 배 속이 거의 비어 있어요. 그래서 울음소리가 크게 울려 퍼지는 것이랍니다.

거미는 어디에서 거미줄을 뽑아낼까?

1 다리 끝
2 배 끝
3 입

거미줄에는 끈적끈적한 성분이 있어서 먹잇감이 되는 곤충들을 붙잡아 둘 수 있어요.

【긴호랑거미】

1월 18일 퀴즈 정답 3

타조는 시속 70킬로미터 이상, 사자는 시속 80킬로미터 이상, 치타는 시속 100킬로미터 이상으로 달릴 수 있어요. 무척 빠르지요?

1월 21일

악어의 배 속에는 무엇이 들어 있을까?

【나일악어】

1. 나무
2. 이파리
3. 돌

나일악어는 몸길이가 5미터, 몸무게는 자그마치 220킬로그램에 달하는 커다란 동물이에요. 주로 아프리카에서 살아요.

1월 19일 퀴즈 정답 3

공룡이 활발하게 활동했던 시기는 지금보다 기온이 6~14℃ 정도 더 따뜻했어요. 그 덕분에 몸집이 큰 공룡들이 먹기에 충분할 만큼 식물이 잘 자랐다고 해요.

스컹크는 어떤 자세로 냄새를 풍길까?

1월 22일

❶ 두 발로 서서

❷ 빙글빙글 돌면서

❸ 물구나무를 서서

스컹크는 적의 위협을 느끼면 엉덩이에서 고약한 냄새를 풍겨요.

【얼룩스컹크】

1월 20일 퀴즈 정답 ❷

거미는 배 아랫면의 끝에 있는 방적 돌기라는 기관에서 거미줄을 뽑아내요. 거미줄은 치는 위치에 따라 굵기가 다르답니다.

알을 낳는 시기에 홍연어의 몸은 무슨 색을 띨까?

【홍연어】

① 흰색

② 노란색

③ 빨간색

연어는 영어로 '새먼(Salmon)'이라고 해요. 연어 회는 영양이 많고 신선해서 인기가 많은 음식이에요.

1월 21일 퀴즈 정답 ③

악어의 배 속에는 돌이 잔뜩 들어 있어요. 이 돌들은 악어가 먹은 음식을 이빨 대신 갈아서 뭉개거나, 물속에 쉽게 잠수하도록 도와주는 역할을 해요.

침팬지는 화를 낼 때 어떤 표정을 지을까?

침팬지는 표정, 울음소리, 몸짓 등을 이용해 서로 소통해요.

① 입을 다물고 소리를 내지 않는다.

② 입을 크게 벌려 어금니를 드러낸다.

③ 잇몸을 드러낸다.

1월 22일 퀴즈 정답 ③

스컹크는 앞다리로 물구나무를 서서 냄새를 풍기는데, 3미터나 떨어진 적에게까지 이 냄새가 날아간다고 해요.

척추뼈가 없는 동물은 무엇일까?

동물 중에는 척추뼈가 없는 것도 있어요.

1. 고양이
2. 장어
3. 게

【고양이】

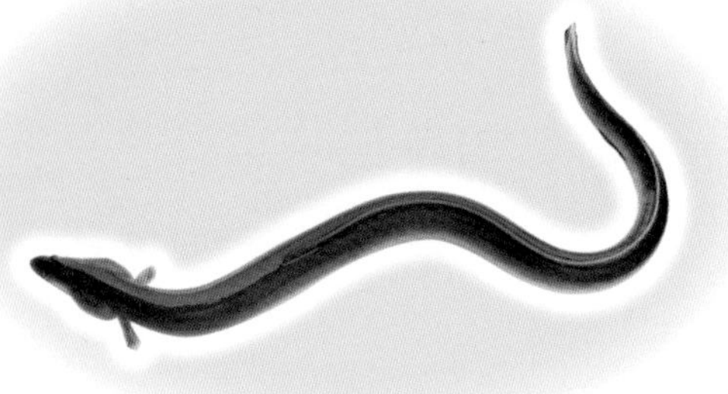

【장어】

【게】

1월 23일 퀴즈 정답 3

홍연어는 알을 낳는 시기에 몸 색깔이 빨간색으로 바뀌어요. 그중에는 몸의 모양이 바뀌는 종도 있어요.

비버가 강에 댐을 만드는 이유는 무엇일까?

1. 먹잇감을 잡기 위해
2. 집을 짓기 위해
3. 다른 강으로 이동하기 위해

비버는 돌, 나무, 진흙을 강으로 옮겨 와서 댐을 만들어요.

【비버】

비버가 댐을 만드는 모습

비버의 집

1월 24일 퀴즈 정답 2

침팬지는 화를 낼 때 입을 크게 벌리고 어금니를 드러내요.

공벌레의 몸은 몇 개의 마디로 이루어져 있을까?

공벌레 몸의 마디는 단단한 등껍질처럼 생겼어요. 공벌레를 톡 치면 몸을 동그랗게 말아요.

1. 6개
2. 14개
3. 32개

【공벌레】

마디

1월 25일 퀴즈 정답 ③

게는 척추뼈 대신 등껍질로 몸을 지탱해요. 장어와 고양이에게는 척추뼈가 있답니다.

얼룩다람쥐는 추운 겨울을 어떻게 날까?

1. 열심히 운동한다.
2. 굴속에서 잠을 잔다.
3. 소리를 수집한다.

숲에 사는 얼룩다람쥐는 식물의 싹이나 열매, 곤충 등을 먹어요.

【얼룩다람쥐】

1월 26일 퀴즈 정답 2

비버의 집에 드나드는 입구는 물속에 있어서 천적인 늑대나 곰이 침입하지 못해요. 비버는 댐에서 살며 몸을 보호한답니다.

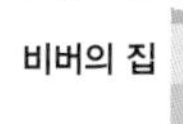

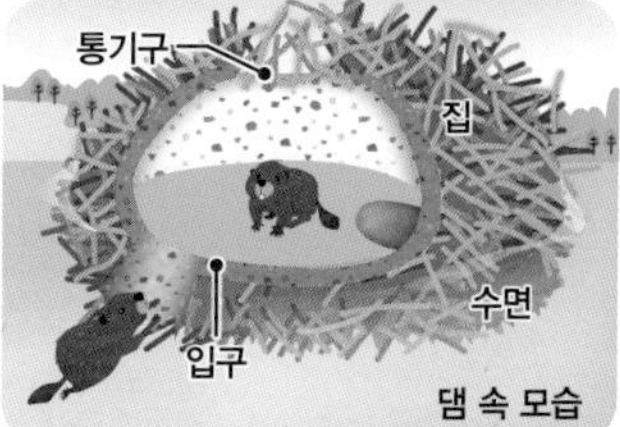

참수리는 봄이 되면 어느 나라에서 새끼를 키울까?

한국과 일본에서 겨울을 나는 참수리는 봄이 되면 물고기가 많은 다른 나라로 날아가 새끼를 키워요.

1. 필리핀
2. 러시아
3. 브라질

【참수리】

1월 27일 퀴즈 정답 2

공벌레 몸의 마디는 머리에 1개, 가슴에 7개, 배에 5개, 꼬리에 1개가 있어요. 공벌레는 사실 새우나 게와 가깝답니다.

티라노사우루스의 이빨은 얼마 만에 다시 나곤 했을까?

【티라노사우루스】

1. 10일
2. 2년
3. 10년

티라노사우루스의 이빨은 먹이를 물어뜯기에 알맞게 뾰족했어요. 사냥하다가 이빨이 빠져도 계속 새로운 이빨이 났다고 해요.

1월 28일 퀴즈 정답 2

얼룩다람쥐는 겨울이 되면 체온이 내려가고 먹을 것을 구하기 힘들기 때문에, 힘을 아끼기 위해 가만히 누워서 잠을 자요. 그리고 열흘에 한 번 정도 일어나 모아 둔 나무 열매를 먹는답니다.

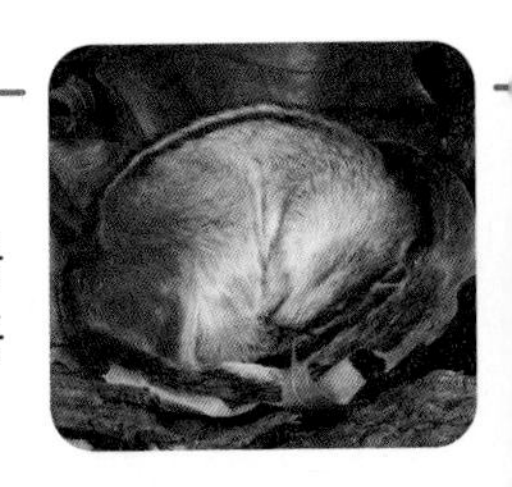

철갑상어는 몸의 어느 부분을 이용해 먹잇감을 찾을까?

철갑상어는 강이나 호수에 살아요. 철갑상어의 알은 '캐비어'라고 하며 고급 식재료로 쓰인답니다.

1. 입 끝
2. 콧수염
3. 꼬리지느러미

【철갑상어】

【캐비어】

1월 29일 퀴즈 정답 2

참수리는 러시아의 오호츠크해 근처에서 새끼를 키워요. 그러다가 겨울이 되면 추위를 피하고 먹이를 찾기 위해 일본 홋카이도까지 내려와요.

2월의 퀴즈

호랑이의 줄무늬는 어떤 역할을 할까?

【호랑이】

호랑이는 사자와 어깨를 나란히 하는 커다란 고양이과 동물이에요.

1. 암컷을 유혹한다.
2. 풀숲에 몸을 감추기 쉽게 해 준다.
3. 다른 호랑이와 구분할 수 있게 해 준다.

1월 30일 퀴즈 정답 2

티라노사우루스의 이빨은 날카로운 데다 무척 단단해서 먹잇감의 뼈까지 씹을 수 있었다고 해요.

도롱이벌레가 크면 무엇이 될까?

1. 벌
2. 나비
3. 나방

도롱이에서 나오는 도롱이벌레

도롱이 속에 들어 있는 도롱이벌레

【도롱이벌레】

1월 31일 퀴즈 정답 2

넓적한 콧수염 네 개로 바닥에 있는 작은 동물을 찾아요. 사실 철갑상어는 상어류가 아니어서 이빨이 없어요.

뱀의 송곳니에서 나오는 독의 성분은 무엇일까?

【독사】

뱀이 먹잇감을 물면 송곳니에서 나온 독이 온몸에 퍼져요.

1 풀즙

2 다른 동물의 독

3 자신의 침

2월 1일 퀴즈 정답 **2**

대부분의 동물들은 사물을 흰색과 검은색으로만 볼 수 있어요. 그래서 호랑이는 숲이나 수풀 속에 있으면 줄무늬 덕분에 다른 동물들의 눈에 잘 띄지 않아요.

얼음 위에서 태어나는 새끼 점박이물범은 무슨 색일까?

【점박이물범】

1 갈색

2 분홍색

3 하얀색

어른 점박이물범의 몸에는 점박이 무늬가 있어요.

2월 2일 퀴즈 정답 3

도롱이벌레는 주머니나방이라는 곤충의 애벌레예요. 그런데 어른벌레가 되어도 수컷에게만 날개가 자라고, 암컷은 애벌레 모습 그대로 도롱이 속에서 지낸답니다.

2월 5일

케이프펭귄이 잘하지 못하는 것은 무엇일까?

1. 헤엄치기
2. 추위 견디기
3. 달리기

케이프펭귄은 남아프리카 연안 등에서 무리 지어 생활해요.

【케이프펭귄】

2월 3일 퀴즈 정답 3

독사가 지닌 독은 침이 변화한 거예요.

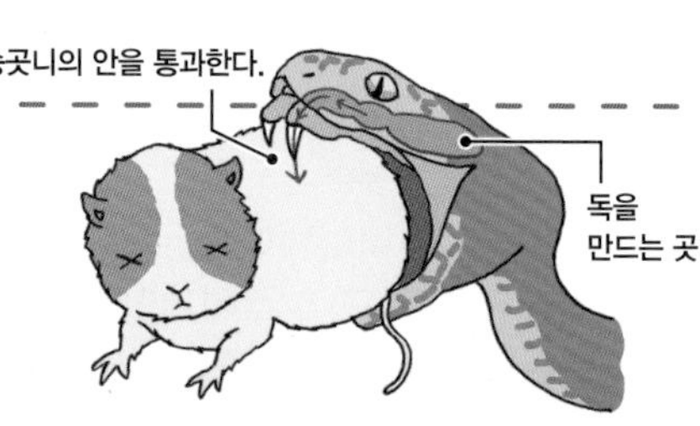

개구리 같은 양서류는 어떤 동물이 진화한 것일까?

에리옵스는 몸길이 2미터 정도의 커다란 양서류로, 약 2억 8,000만 년 전에 살았어요.

1 어류

2 파충류

3 조류

【에리옵스】

2월 4일 퀴즈 정답 3

새끼 점박이물범은 하얀색이에요. 눈 덮인 얼음과 색이 비슷해서 적이 발견하기 어렵답니다.

2월 7일

바다코끼리는 바다에서 얼음 위로 어떻게 올라갈까?

바다코끼리는 길이가 30~40센티미터나 되는 멋진 엄니를 가지고 있어요. 북극해의 추운 지역에서 살며, 몸길이는 3미터 정도랍니다.

1. **배로 미끄러지면서**
2. **엄니를 얼음에 꽂아서**
3. **뒷발로 서서**

2월 5일 퀴즈 정답 2

케이프펭귄은 원래 따뜻한 지역에 살았기 때문에 추위에 약해요.

진딧물은 어디에 알을 낳을까?

진딧물은 노린재와 비슷하게 생긴 곤충이에요.
무리 지어 살아가지요.

【진딧물】

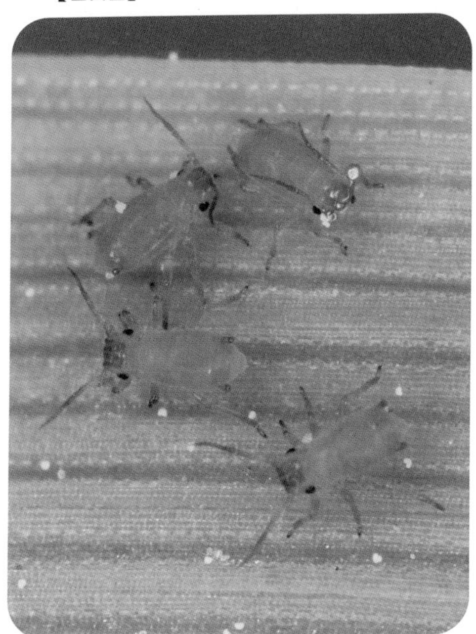

1 흙 속

2 식물 이파리

3 개미굴 안

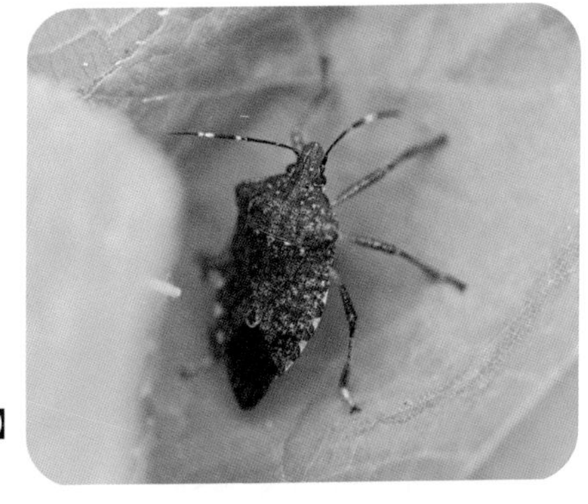

【썩덩나무노린재】

2월 6일 퀴즈 정답 1

양서류는 약 3억 6,000만 년 전에 어류가 진화한 것으로 알려져 있어요.

개구리는 약 2억 년 전에 나타났어요.

티라노사우루스는 얼마나 오래 살았을까?

【티라노사우루스】

① 3년

② 30년

③ 90년

티라노사우루스는 6,600만 년 전에 살았던 육식 공룡이에요.

2월 7일 퀴즈 정답 ②

바다코끼리는 엄니로 무거운 몸을 지탱하며 이동하고, 바다에서 얼음 위로 올라올 때는 얼음에 엄니를 꽂아 기어 올라와요. 이 엄니는 강인한 수컷의 상징이기도 해요.

범고래의 하얀 배와 검은 등은 어떤 역할을 할까?

1. 눈에 잘 띄지 않게 해 준다.
2. 색깔이 아름답게 보이게 해 준다.
3. 피부가 햇볕에 타지 않게 해 준다.

범고래는 돌고래과 동물이에요. 사냥 능력이 뛰어나 '바다의 포식자'로도 불려요.

【범고래】

주로 물고기, 오징어, 바다표범, 돌고래를 잡아먹어요.

2월 8일 퀴즈 정답 2

진딧물은 식물의 이파리나 줄기에 알을 낳아요. 봄이 되면 이 부분에 수많은 진딧물이 덕지덕지 붙어 있는 것을 발견할 수 있답니다.

다음 중 오징어의 머리는 어느 부분일까?

【무늬오징어】

다리가 열 개인 오징어는 헤엄을 잘 치고 플랑크톤과 물고기를 잡아먹어요. 다리로 먹이를 잡아서 다리를 '팔'로 부르기도 해요.

2월 9일 퀴즈 정답 2

티라노사우루스의 뼈 화석을 조사한 결과 대략 30년 정도 살았다고 해요.

어린 티라노사우루스

장수풍뎅이의 뿔은 언제 자라날까?

수컷은 싸울 때 뿔을 이용해요. 몸집이 크고 뿔이 긴 수컷이 힘도 더 세답니다.

【장수풍뎅이 수컷】

【장수풍뎅이 암컷】

1. 애벌레 시기
2. 번데기가 될 때
3. 번데기에서 나온 뒤

2월 10일 퀴즈 정답 1

하늘에서 바다를 내려다보면 어두워서 범고래의 검은색 등이 눈에 잘 띄지 않아요. 또한, 바닷속에서 하늘을 올려다보면 밝아서 범고래의 흰색 배가 눈에 잘 띄지 않지요. 범고래는 이런 특징을 이용해 먹잇감에게 들키지 않고 다가갈 수 있어요.

2월 13일 포유류

벌거숭이두더지쥐는 몇 년이나 살까?

【벌거숭이두더지쥐】

① 4년

② 8년

③ 30년

벌거숭이두더지쥐는 아프리카 동부의 건조한 지대 땅속에 굴을 파서 무리와 함께 생활해요. 땅속에서 지내기 때문에 눈은 거의 보이지 않아요.

2월 11일 퀴즈 정답 ③

인간을 포함한 대부분의 생물은 위에서부터 머리→몸→다리 순으로 이루어지지만, 오징어는 몸→머리→다리 순으로 이루어져 있어요.

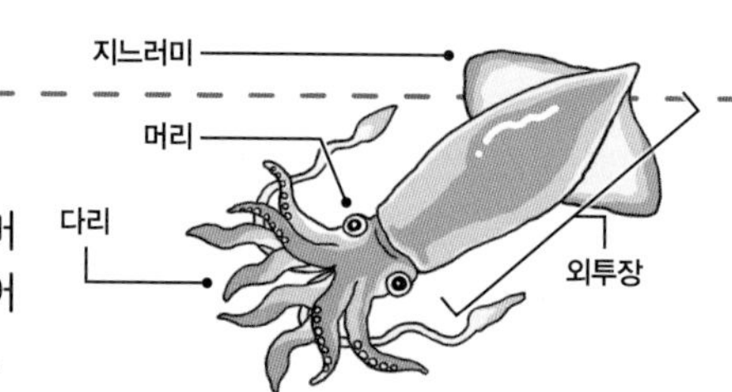

뿔도마뱀은 적에게서 자기 몸을 어떻게 보호할까?

2월 14일

1. 죽은 체한다.
2. 눈에서 피를 흘린다.
3. 꼬리를 잡히면 자르고 도망간다.

이구아나과인 뿔도마뱀은 사막처럼 건조한 지역에서 살아요.

【뿔도마뱀】

【이구아나】

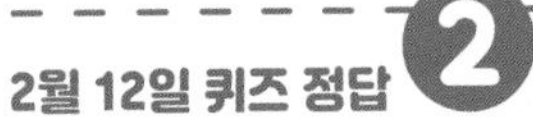

2월 12일 퀴즈 정답 ②

장수풍뎅이 수컷은 흙 속에서 번데기가 될 때 뿔이 자라나요.

2 월 15 일

어류 수중 생물

녹새치의 몸 색깔은 언제 검게 변할까?

【녹새치】

길게 뻗은 위턱과 기다랗게 발달한 가슴지느러미가 특징인 녹새치는 시속 80킬로미터로 빠르게 헤엄칠 수 있어요.

1 죽은 뒤에

2 헤엄칠 때

3 잠잘 때

2월 13일 퀴즈 정답 3

쥐는 3년 정도 사는 것으로 알려져 있지만, 벌거숭이두더지쥐는 그보다 열 배는 넘게 오래 산다고 해요.

닥스훈트의 다리는 왜 짧을까?

2월 16일

개는 인간에게 도움을 주기 위해 대부분 개량되었어요.
닥스훈트의 짧은 다리와 긴 몸은 어떤 도움을 줄까요?

1. **좁고 긴 굴속에 잘 들어갈 수 있다.**
2. **무거운 짐을 옮기기에 좋다.**
3. **높은 곳에 잘 오른다.**

2월 14일 퀴즈 정답 2

뿔도마뱀은 위험을 느끼면 적의 얼굴을 향해 피를 내뿜어요. 이 피는 눈에서 나오는데 1미터나 넘게 멀리 쏠 수 있답니다.

2월 17일

곤충류 거미류

소똥구리는 왜 똥을 굴릴까?

동물의 똥을 먹는 풍뎅이를 흔히 소똥구리로 부르는데, 주로 아프리카 등에 서식해요. 우리나라에서는 안타깝게도 긴다리소똥구리와 소똥구리가 멸종하고 말았어요. 그래서 몽골에서 들여온 종으로 복원하려고 노력하고 있답니다.

1. 집을 짓기 위해
2. 먹기 위해
3. 무기로 쓰기 위해

【소똥구리】

2월 15일 퀴즈 정답 1

죽으면 몸이 검게 변해서 일본에서는 검은 청새치로 불려요. 맛있어서 인기가 높은 생선이에요.

군함새의 목은 왜 빨간색일까?

1. 물고기를 저장해 놓는 주머니여서
2. 암컷을 유혹하기 위한 장식이어서
3. 적을 위협하기 위해

【군함새】

군함새는 갈색얼가니새와 비슷한 종으로,
더운 지역에 사는 커다란 새예요.

2월 16일 퀴즈 정답 1

독일어로 '닥스'는 오소리, '훈트'는 개를 뜻해요. 닥스훈트는 굴속에 숨어 있다가 밤에 나와 활동하는 오소리와 여우를 사냥하기 위해 만들어졌어요.

2월 19일

고양이를 반려동물로 키우는 이유는 무엇일까?

【고양이】

1. 예뻐해 주려고
2. 쥐를 잡으려고
3. 가축을 감시하려고

2월 17일 퀴즈 정답 2

소똥구리는 똥을 다른 장소로 옮긴 뒤 먹거나
그 속에 알을 낳아요.

도마뱀과 같은 파충류의 알과 개구리 알의 차이는 무엇일까?

1. 단단한 정도
2. 껍데기가 있는지, 없는지
3. 눈에 잘 띄는 정도

【도마뱀】

【개구리】

2월 18일 퀴즈 정답 2

군함새 목의 빨간색은 암컷을 유혹하기 위한 장식 역할을 해요. 수컷은 빨간색 목을 부풀려 암컷을 유혹한답니다.

트리케라톱스 목의 커다란 프릴은 어떤 역할을 했을까?

초식 공룡인 트리케라톱스의 목에는 넓게 펼쳐진 커다란 프릴이 달려 있었어요.

1. 목과 어깨를 보호했다.
2. 몸을 따뜻하게 했다.
3. 몸집을 커 보이게 했다.

【트리케라톱스】

2월 19일 퀴즈 정답 2

고양이는 사람들이 모아 둔 곡식을 헤집어 놓는 쥐를 잡아 주어요. 그래서 지금으로부터 약 9,500년 이전부터 사람들은 고양이를 반려동물로 키웠답니다.

몸집이 가장 큰 호랑이는 다음 중 무엇일까?

1. 수마트라호랑이
2. 벵골호랑이
3. 시베리아호랑이

【수마트라호랑이】
인도네시아 수마트라섬에 살아요.

【벵골호랑이】
인도, 방글라데시, 네팔, 부탄 등지에 살아요.

【시베리아호랑이】
러시아, 중국, 북한에 살아요.

2월 20일 퀴즈 정답 2

파충류의 알 껍데기는 알의 내부가 건조하지 않게 유지해 주어요. 그래서 사막같이 건조한 곳에서도 살아남을 수 있지요. 반면에 개구리 알에는 껍데기가 없답니다.

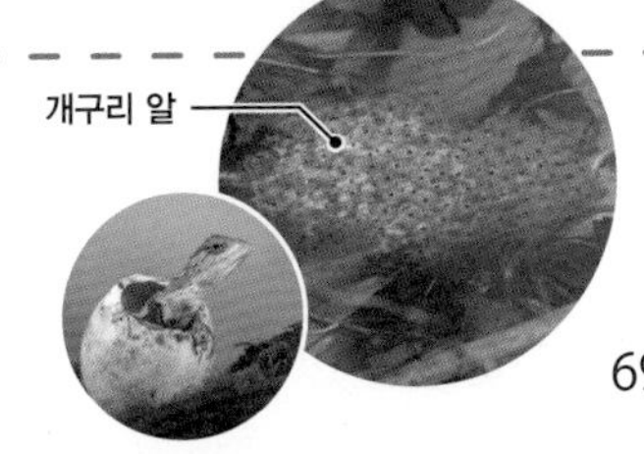

2 월 23 일

장수말벌의 몸에는 왜 줄무늬가 있을까?

【장수말벌】

장수말벌은 세계에서 가장 큰 말벌이에요. 몸에 짙은 줄무늬가 있어요.

1. 숲속에 숨는 데 편리해서
2. 동료를 찾기 쉬워서
3. 적을 위협하기 위해

2월 21일 퀴즈 정답 1

티라노사우루스가 프릴을 물어뜯은 흔적이 있는 트리케라톱스의 화석이 발견되었어요. 이것으로 볼 때, 아마도 프릴은 전투에서 갑옷 역할을 했던 것 같아요.

투구게는 지구상에 얼마나 오래전부터 있었을까?

아주 오래전부터 그 모습이 변하지 않아 '살아 있는 화석'으로 불리는 투구게는 얕은 바다의 물가에 살아요.

1. 500만 년 전
2. 6,600만 년 전
3. 2억 년 전

【투구게】

2월 22일 퀴즈 정답 3

몸집이 크면 먹잇감이 적어도 살아갈 수 있어요. 그래서 먹잇감이 적은 추운 지역에 사는 호랑이일수록 커다랗답니다.

2월 25일

아프리카코끼리의 가족 중 대장 역할을 하는 것은 누구일까?

【아프리카코끼리】

1 할머니

2 엄마

3 아기

아프리카코끼리는 땅 위에 사는 동물 중에서 몸집이 가장 커요. 몸길이는 6미터 이상, 몸무게는 4,000킬로그램 이상 나간답니다.

2월 23일 퀴즈 정답 3

장수말벌의 몸에 있는 선명한 줄무늬는 상대에게 자기가 얼마나 위험한 지 경고하는 역할을 해요.

크기가 가장 큰 미생물은 다음 중 무엇일까?

1 짚신벌레

2 종벌레

3 연두벌레

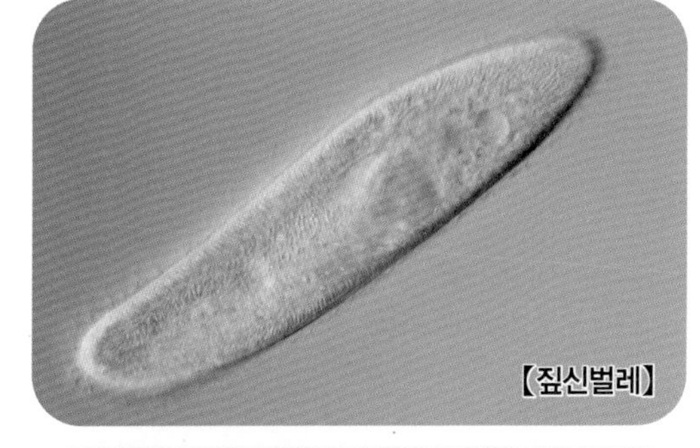
【짚신벌레】

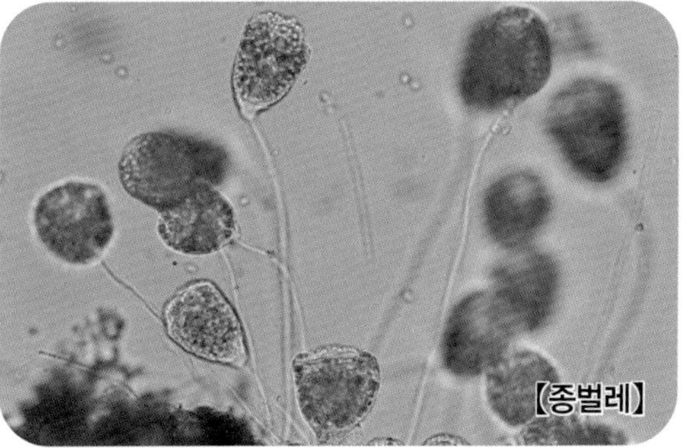
【종벌레】

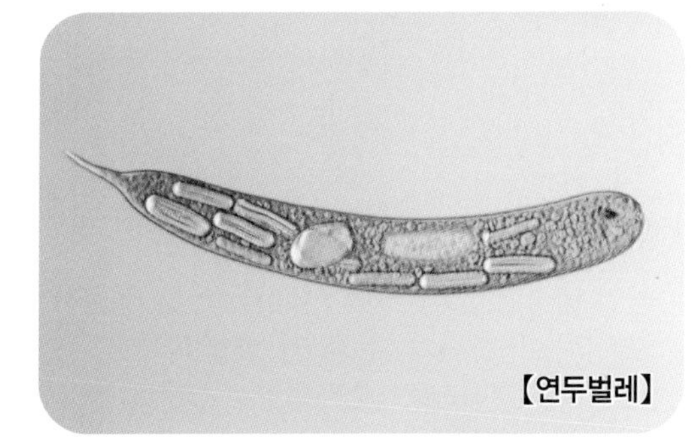
【연두벌레】

미생물이란,

눈에 보이지 않을 정도로
아주 작은 생물을 가리켜요.

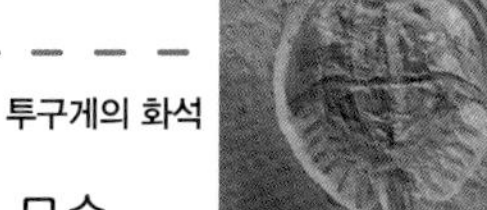

2월 24일 퀴즈 정답 3

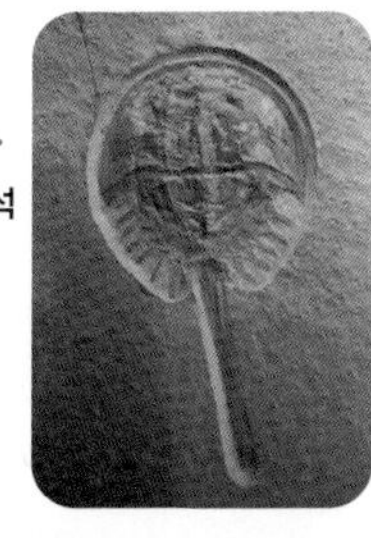
투구게의 화석

투구게는 공룡이 살던 쥐라기 시대에도 지금과 똑같은 모습이었어요. 지금도 일본과 미국, 동남아시아 등 일부 지역에서 살고 있어요.

넙치가 몸의 오른쪽 면을 아래로 두고 자는 이유는 무엇일까?

1. 왼쪽 면의 무늬가 더 예뻐서
2. 왼쪽 면에만 눈이 있어서
3. 왼쪽 면에만 아가미가 있어서

【넙치】
【가자미】

몸이 넓적한 넙치는 바다 밑바닥에 늘 조용히 누워 있어요. 넙치와 가자미는 비슷하게 생겼지만, 배를 아래로 두었을 때 얼굴이 왼쪽으로 향하는 것이 넙치, 오른쪽으로 향하는 것이 가자미예요.

2월 25일 퀴즈 정답 1

나이가 많은 암컷 코끼리는 먹이나 물이 있는 장소를 기억하는 능력이 아주 뛰어나요.

기린의 꼬리는 어떤 역할을 할까?

2월 28일

1 발바닥을 닦는다.

2 벌레를 쫓는다.

3 적을 공격한다.

【기린】

기린의 꼬리는 얇고 길며, 끝부분에는 술 같은 털이 달려 있어요.

2월 26일 퀴즈 정답 1

짚신벌레의 몸길이는 0.18~0.3밀리미터, 연두벌레는 0.06~0.07밀리미터, 종벌레는 0.04~0.09밀리미터예요. 현미경 없이는 볼 수 없을 정도로 아주아주 작답니다.

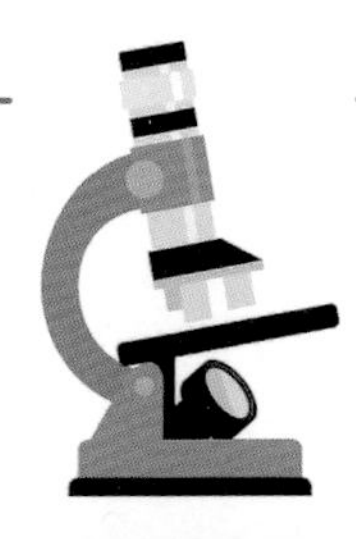

사람의 피를 빨아 먹는 암컷 모기는 사람을 어떻게 찾아낼까?

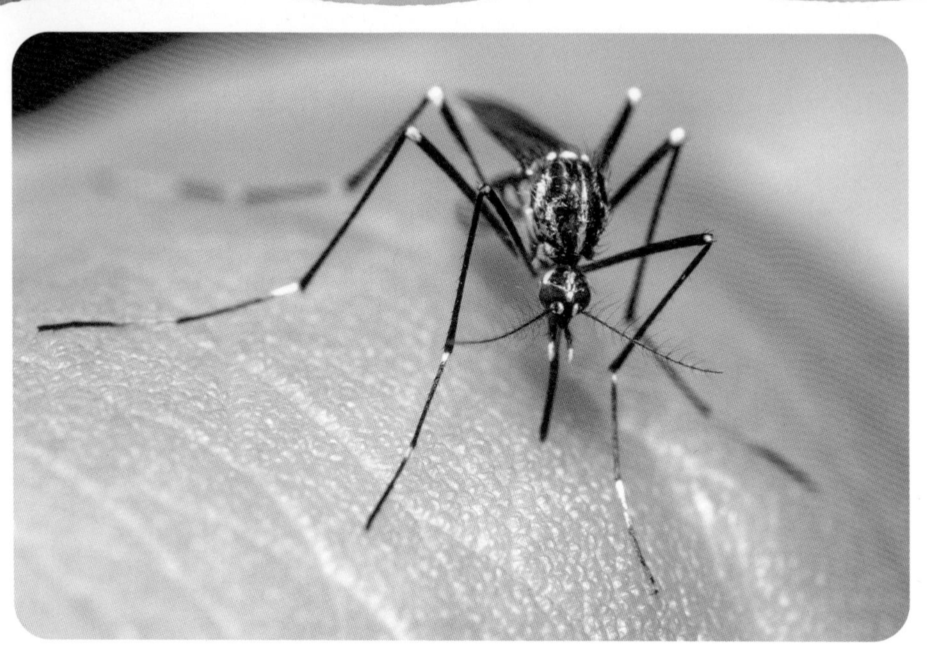

【흰줄숲모기】

흰줄숲모기는 수컷과 암컷 모두 꽃의 꿀이나 나무에서 나온 즙 따위를 먹어요.

1 시각으로 찾는다.

2 청각으로 찾는다.

3 촉각(더듬이)으로 찾는다.

2월 27일 퀴즈 정답 2

넙치는 두 눈이 모두 왼쪽 면에 달려 있어요. 그래서 누워 있을 때 왼쪽 면을 위로 둔답니다.

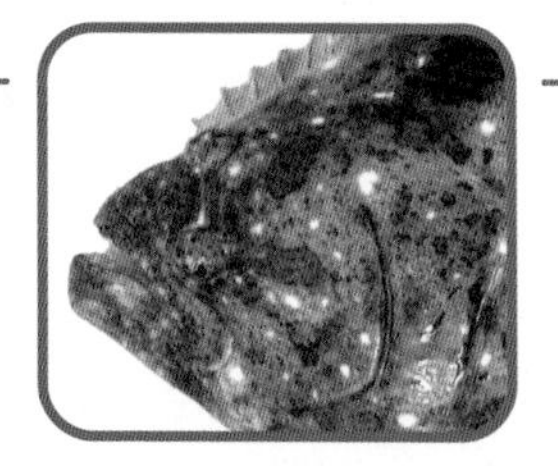

3월의 퀴즈

3월 1일

집토끼는 영양분을 얻기 위해 무엇을 먹을까?

【집토끼】

1. 나무껍질
2. 자신의 똥
3. 벌레

반려동물 중 하나인 집토끼는 유럽에서 건너왔다고 해요.

기린은 엉덩이 주변을 날아다니는 파리 같은 벌레를 꼬리로 쫓아내요.

나비는 자기가 좋아하는 꽃을 어떻게 찾을까?

나비는 자기가 좋아하는 꽃을 찾아가 꿀을 빨아요.

1. 꽃잎의 모양을 보고
2. 꽃잎의 색깔을 보고
3. 꽃잎의 감촉을 느끼고

【표범나비】

2월 29일 퀴즈 정답 3

모기는 사람이 내쉬는 숨과 체온을 촉각(더듬이)으로 느낄 수 있어요.

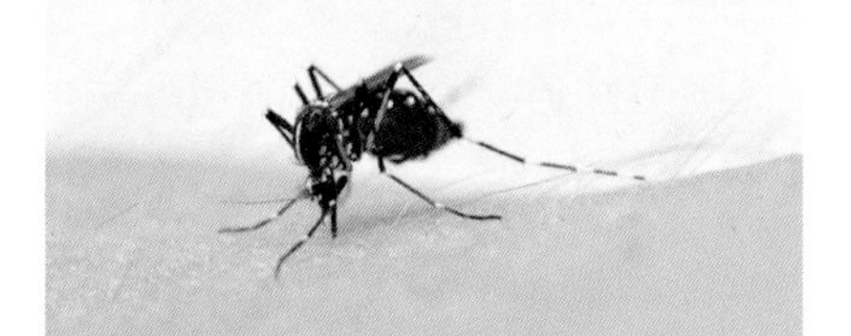

청개구리는 어디에 알을 낳을까?

【청개구리】

1 바위 위

2 물속

3 풀 속

청개구리는 논두렁 따위의 물가에 살아요. 건조한 환경을 좋아하지 않고 몸이 미끈거리는 것이 특징이에요.

부드러운 똥

3월 1일 퀴즈 정답 2

집토끼는 영양분을 몸속에 빨아들이기 위해 자신의 영양 만점 똥을 먹어요. 이 똥은 맹장이라는 몸속 기관을 지나며 부드러워진답니다.

말은 왜 얼굴이 길까?

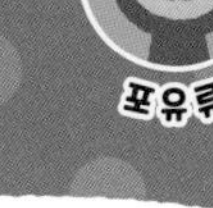

1 어금니가 커서

2 빨리 달릴 수 있어서

3 코가 커서

【말】

말은 소화하기 어려운 풀과 나뭇잎도 잘 먹어요.

3월 2일 퀴즈 정답 2

나비는 자외선을 볼 수 있어서 꿀이 있는 꽃을 구분할 수 있어요. 자외선이 비추면 꿀이 많은 꽃의 색이 진하게 보인답니다.

애벌레에게 있는 눈 같은 무늬는 무슨 역할을 할까?

1. 적과 동료를 구분한다.
2. 위에서 내려오는 적을 알아차린다.
3. 적을 놀라게 한다.

호랑나비 애벌레

나비와 나방의 애벌레는
종에 따라 무늬가 다양해요.

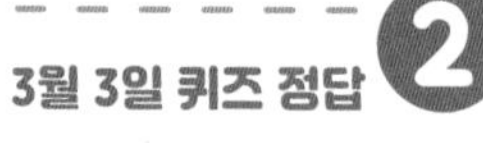

개구리는 대부분 물속에 알을 낳아요. 개구리 알에는 껍데기가 없어서 건조한 곳에서는 알을 낳지 않는답니다.

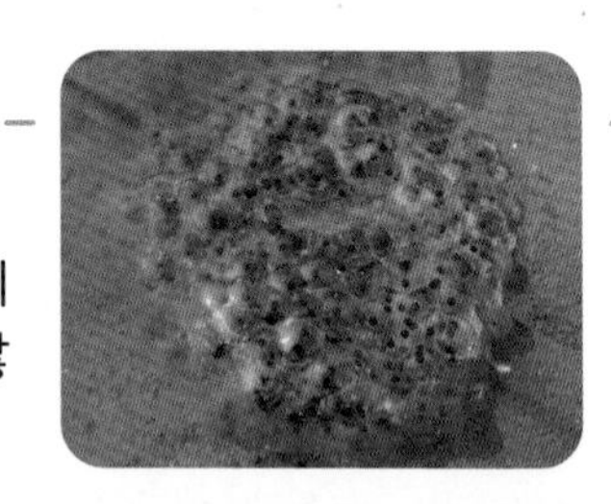

뱀은 상대를 경계할 때 어떤 모습을 할까?

【오리엔탈능구렁이】

뱀은 배에 있는 비늘과 땅의 마찰력을 이용해 기어서 이동해요.

1 몸을 길게 늘린다.

2 몸을 동그랗게 만다.

3 위로 뛰어오른다.

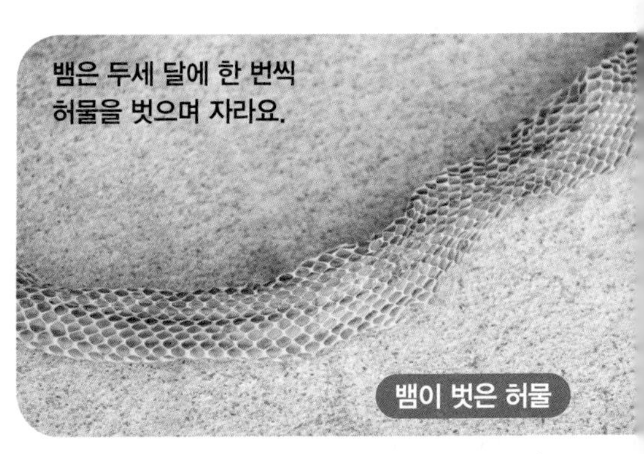

뱀은 두세 달에 한 번씩 허물을 벗으며 자라요.

뱀이 벗은 허물

3월 4일 퀴즈 정답 1

소화하기 어려운 풀과 나뭇잎을 잘게 부수려면 커다란 어금니와 강력한 턱 근육이 필요해요. 이 때문에 말은 얼굴이 크고 길며, 입이 툭 튀어나왔답니다.

갓 태어난 새끼 캥거루는 얼마나 클까?

【캥거루】

코알라도 주머니 속에서 새끼를 키우는 '유대류' 중 하나예요.

1. 성인의 손바닥 크기
2. 500원짜리 동전 크기
3. 10원짜리 동전 크기

3월 5일 퀴즈 정답 3

애벌레의 천적인 새는 애벌레 몸에 있는 눈동자 무늬를 보고 무서워한다고 해요. 또 호랑나비 애벌레는 뿔에서 적이 싫어하는 냄새를 내뿜는답니다.

미국가재는 허물을 벗을 때가 다가오면 위 속에 무엇을 만들까?

미국가재는 알에서 나와 1년 동안 7~8회 허물을 벗으며 자라요.
몸 색깔은 처음에는 옅지만 허물을 벗을수록 점점 더 진해진답니다.

① 돌멩이를 만든다.

② 껍데기를 만든다.

③ 집게를 만든다.

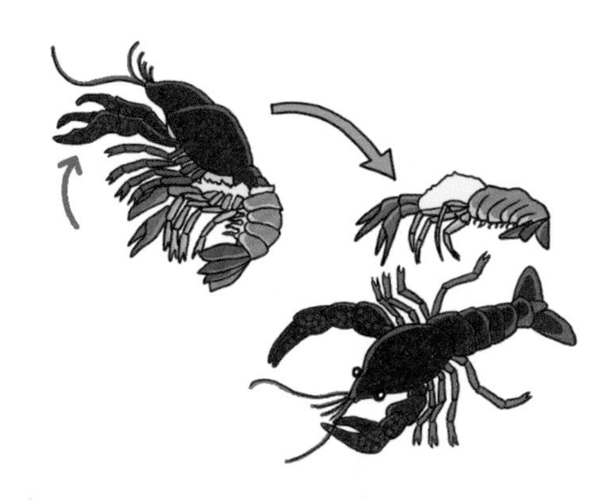

【미국가재】

3월 6일 퀴즈 정답 ②

뱀은 먹잇감이나 적이 가까이 다가오면, 곧바로 공격할 수 있게 몸을 동그랗게 말아요.

매가 하늘을 나는 속도는 어느 정도일까?

1. 시속 50킬로미터
2. 시속 300킬로미터
3. 시속 500킬로미터

매는 새 중에서 나는 속도가 가장 빠른 것으로 알려져 있어요.

【매】

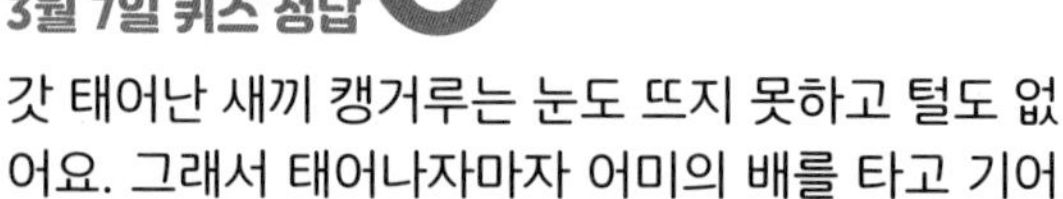

갓 태어난 새끼 캥거루는 눈도 뜨지 못하고 털도 없어요. 그래서 태어나자마자 어미의 배를 타고 기어올라 주머니로 들어간 뒤 어미의 보호를 받아요.

아이아이라는 동물은 왜 이런 이름이 붙었을까?

3월 10일

1. 울음소리 때문에
2. 이 동물을 발견한 사람이 외친 소리를 따라서
3. 눈이 커서

【아이아이】

아이아이는 마다가스카르에 사는 원숭이의 한 종류예요.
밤에 활동하기 때문에 사람들 앞에 모습을 잘 드러내지 않는답니다.

3월 8일 퀴즈 정답 ①

가재는 위 속에 칼슘 덩어리로 된 '위석'이라는 돌멩이를 만들어요. 이 위석을 혈액에 녹여 단단한 껍데기를 만든답니다.

망둥어와 비슷한 짱뚱어는 어디에 살까?

짱뚱어는 자기 영역을 지키려는 성질이 강해서, 다른 동물이 근처에 다가오면 등지느러미를 세우거나 뺨을 부풀려 쫓아내요.

1. 바다 밑바닥
2. 갯벌
3. 바위틈

【짱뚱어】

3월 9일 퀴즈 정답 ②

매는 먹잇감을 잡기 위해 엄청나게 빨리 아래로 날아요. 나는 속도가 얼마나 빠른지 마치 고속 열차와 같지요.

메뚜기 종류인 자이언트웨타의 몸무게는 어느 정도일까?

1. 10원짜리 동전 다섯 개
2. 100원짜리 동전 다섯 개
3. 500원짜리 동전 다섯 개

뉴질랜드에 서식하는 자이언트웨타는 세계에서 가장 무거운 곤충으로 알려져 있어요. 몸길이는 8센티미터 정도랍니다.

【자이언트웨타】

3월 10일 퀴즈 정답 2

아이아이를 처음 발견했을 때 놀란 마다가스카르 사람이 "아이아이!"라고 외쳤는데, 어느 학자가 이것을 이름으로 착각해서 지금과 같은 이름이 붙었다고 해요.

소 한 마리에게서 하루에 우유를 얼마나 짤 수 있을까?

1. 우유갑 한 개 정도
2. 우유갑 열 개 정도
3. 우유갑 스무 개 정도

홀스타인은 젖소를 대표하는 종이에요.

우유가 집으로 오기까지는 기나긴 과정을 거쳐요.

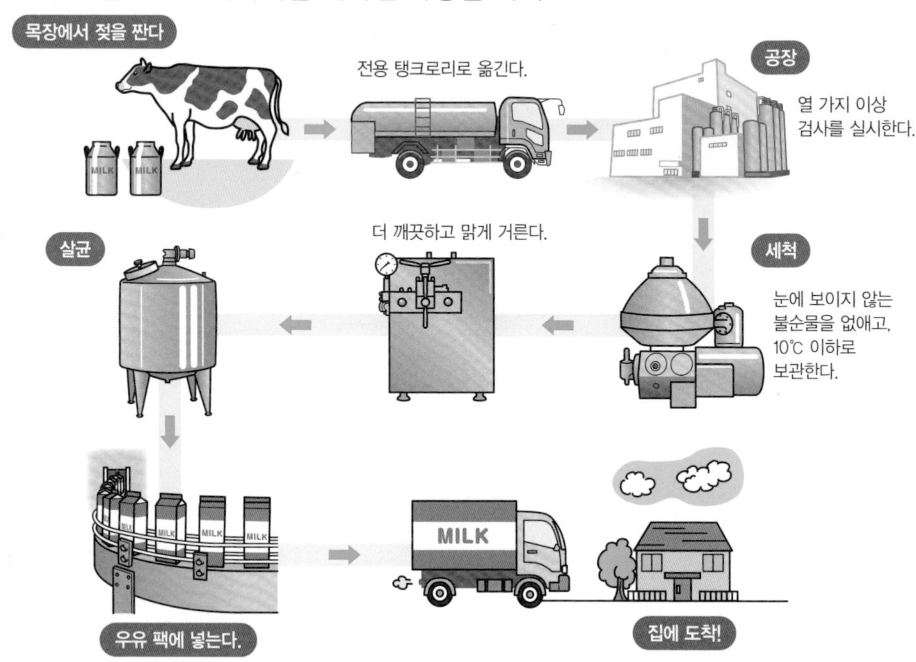

3월 11일 퀴즈 정답 ②

갯벌은 썰물이 빠진 얕은 물가에 생겨요. 짱뚱어는 아가미뿐 아니라 피부로도 숨을 쉰답니다.

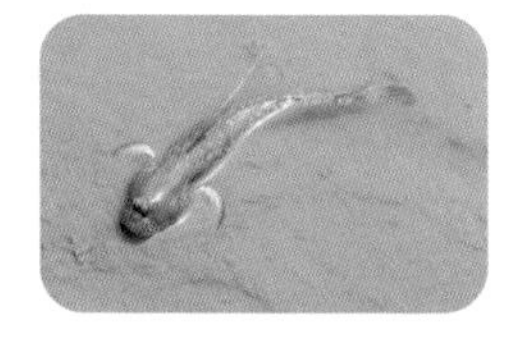

공룡에 속하는 동물은 다음 중 무엇일까?

1 매머드

2 프테라노돈

3 갈리미무스

【매머드】

【프테라노돈】

【갈리미무스】

3월 12일 퀴즈 정답 3

500원짜리 동전 다섯 개는 장수풍뎅이 여섯 마리에 해당하는 무게예요. 자이언트웨타는 천적이 없어서 날개가 없고 덩치가 크게 진화했어요.

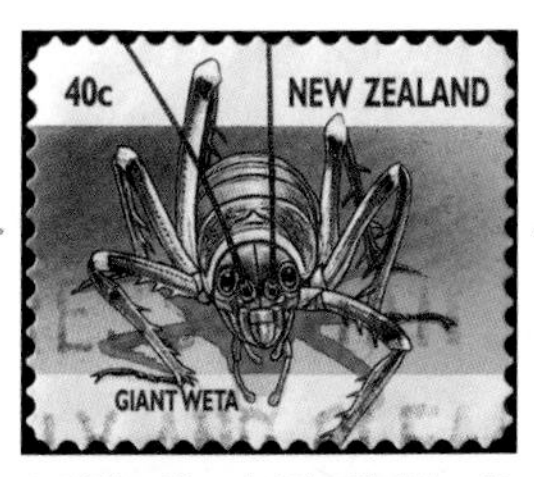

뉴질랜드에는 자이언트웨타를 그린 우표도 있어요.

몸에서 땀이 나지 않는 동물은 다음 중 무엇일까?

【하마】

【일본원숭이】

【시바견】

3월 13일 퀴즈 정답 ③

젖소는 한 마리당 하루에 우유를 우유갑으로 20개 이상 짜내요. 이를 위해 젖소는 하루 동안 목초 15킬로그램 이상, 물 60리터 이상을 먹는답니다.

수컷 밑들이는 암컷을 어떻게 유혹할까?

3월 16일

【밑들이】

1. 꼬리를 흔들며 춤춘다.
2. 먹을 것을 선물한다.
3. 날갯짓으로 노래를 부른다.

3월 14일 퀴즈 정답 3

갈리미무스의 이름은 '닭을 닮은 공룡'이라는 뜻이지만, 겉모습이 타조와 거의 똑같아요. 프테라노돈은 날개가 있는 공룡인 '익룡'에 속하고, 매머드는 코끼리과 동물이랍니다.

타조

3월 17일

갑각류 · 다지류·복족류

게의 한 종류인 꽃발게 수컷은 암컷을 어떻게 유혹할까?

꽃발게는 갯벌에 살아요.

【꽃발게】

1. 집게를 흔들며 춤춘다.
2. 거품으로 메시지를 보낸다.
3. 영양이 듬뿍 담긴 진흙 뭉치를 만든다.

수컷은 한쪽 집게발이 굉장히 커요.

3월 15일 퀴즈 정답 3

포유류 중에는 땀을 흘려서 체온을 낮추는 동물과 그러지 않는 동물이 있어요. 개는 땀을 흘리지 않는 대신 혀를 내밀어 숨 쉬며 체온을 낮춰요.

날갯짓이 빠른 벌새는 1초에 날갯짓을 몇 번이나 할까?

【벌새】

벌새는 무척 빠르게 날갯짓하며, 헬리콥터처럼 공중에 멈춘 채 꽃의 꿀을 빨아요. 이렇게 제자리에 멈추어 하늘을 나는 것을 '호버링'이라고 부른답니다.

1 10회

2 15회

3 50회

3월 16일 퀴즈 정답 2

수컷 밑들이는 암컷이 먹이를 먹는 동안 짝짓기를 하는데, 주로 힘이 약하거나 죽은 곤충을 암컷에게 선물해요.

3월 19일

호주에 사는 태즈메이니아데블은 왜 '숲의 청소부'로 불릴까?

1. 나무껍질을 먹어서
2. 나무 열매의 껍데기를 먹어서
3. 먹잇감을 뼈까지 먹어 치워서

【태즈메이니아데블】

3월 17일 퀴즈 정답 1

수컷 꽃발게는 암컷에게 커다란 집게발을 흔들어 보이며 유혹해요.

바다 위를 나는 날치는 얼마나 멀리까지 날까?

3월 20일

날치는 커다란 가슴지느러미를 날개처럼 이용해
바람을 타고 하늘을 날아요.

【날치】

물속을 헤엄치는 모습

1. 10미터
2. 50미터
3. 400미터

3월 18일 퀴즈 정답 3

벌새는 엄청나게 빠른 속도로 '8' 자를 그리며 나는데, 벌이 날 때처럼 '붕' 하고 소리가 난답니다.

3월 21일

치타가 온 힘을 다해 빠르게 달릴 수 있는 거리는 몇 미터일까?

치타는 지구상에서 가장 빨리 달리는 동물이지만, 온 힘을 다해 빠르게 달릴 수 있는 거리는 그렇게 길지 않답니다.

【치타】

1. 50미터
2. 500미터
3. 1,500미터

치타는 먹잇감에게 30미터 근처까지 천천히 다가간 뒤, 단숨에 달려들어요.

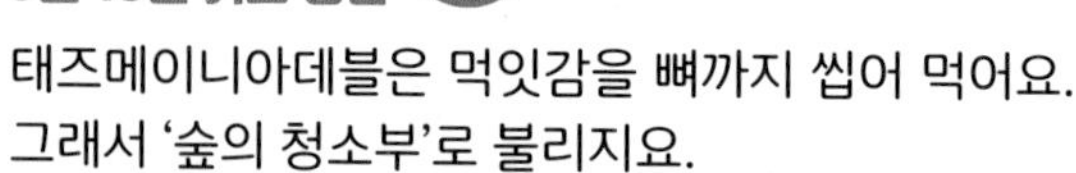

3월 19일 퀴즈 정답 3

태즈메이니아데블은 먹잇감을 뼈까지 씹어 먹어요. 그래서 '숲의 청소부'로 불리지요.

후타바사우루스는 일본의 어느 지역에서 발견되었을까?

【후타바사우루스】

일본에서 수장룡 중 하나인 후타바사우루스의 화석이 발견되었어요. 후타바사우루스는 물갈퀴 네 개를 이용해 바닷속을 헤엄쳤을 것으로 보여요.

1. 후쿠이현
2. 후쿠시마현
3. 후쿠오카현

3월 20일 퀴즈 정답 3

날치는 물 위로 올라와 400미터나 되는 거리를 날 수 있어요.

사마귀는 낫처럼 생긴 앞다리를 어떻게 닦을까?

1. 입으로 핥는다.
2. 나무껍질에 문지른다.
3. 물로 씻는다.

사마귀는 낫처럼 생긴 앞다리를 부지런히 관리해요. 이 앞다리는 먹잇감을 잡는 데 큰 역할을 한답니다.

【사마귀】

3월 21일 퀴즈 정답 ②

치타는 온몸을 용수철처럼 튕겨서 엄청나게 빨리 달리지만, 금세 지치고 말아요.

쌍살벌이 옮기는 동그란 알 같은 것은 무엇일까?

3월 24일

【쌍살벌】

쌍살벌은 동그란 알처럼 생긴 것을 가지고 집에 돌아가곤 해요.

1. 짓이긴 나무 열매와 꽃꿀
2. 으깬 나뭇잎
3. 잘게 씹은 곤충

3월 22일 퀴즈 정답 2

후타바사우루스는 1968년 후쿠시마현 이와키시에서 발견되었어요. 이때 발견한 사람의 성을 따서 '후타바사우루스 스즈키'라는 학명이 붙었답니다.

웜뱃 배의 주머니가 뒤를 향해 달린 이유는 무엇일까?

【웜뱃】

호주의 숲에 사는 웜뱃은 낮에는
주로 굴속에서 생활해요.

어미의 주머니에서
얼굴을 내민 새끼 웜뱃

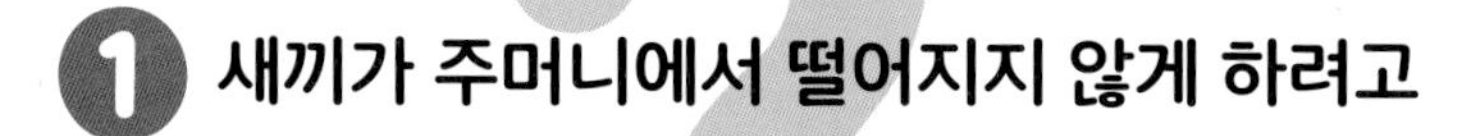

1 새끼가 주머니에서 떨어지지 않게 하려고

2 굴을 팔 때 주머니에 흙이 들어가지 않게 하려고

3 주머니가 늘어나지 않게 하려고

3월 23일 퀴즈 정답 1

사마귀가 낫처럼 생긴 앞다리를 핥는 이유는 먹잇감을
먹은 뒤 다리에 붙은 이물질을 닦기 위해서예요.

개구리가 어부바를 하고 있는 이유는 무엇일까?

3월 26일

【청개구리】

종종 이렇게 어부바하고 있는 개구리들을 볼 수 있어요.

1. 알을 낳기 위해
2. 새끼를 지키기 위해
3. 알을 따뜻하게 하기 위해

3월 24일 퀴즈 정답 3

쌍살벌은 다른 곤충의 애벌레를 사냥한 후 날카로운 턱으로 씹어서 동그란 알 모양으로 빚은 뒤 집으로 가져가요. 이것은 쌍살벌 애벌레의 먹이가 된답니다.

3월 27일

앨버트로스는 평소에 어떤 곳에서 생활할까?

【나그네앨버트로스】

앨버트로스는 사람을 봐도 겁내지 않고 쉽게 잡혀요. 그래서 '멍청이 새'로도 불려요.

1. 높은 산 위
2. 바다 위
3. 동굴 안

3월 25일 퀴즈 정답 2

웜뱃은 흙 속에 굴을 파서 집을 지어요. 굴을 팔 때 주머니가 뒤를 향해야 그 안으로 흙이 들어가지 않는답니다.

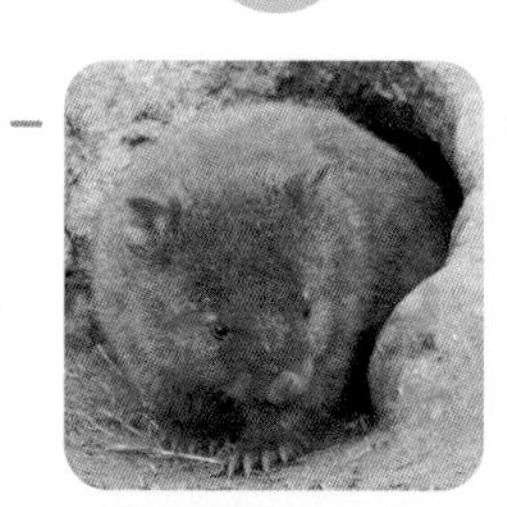

돌고래의 숨구멍은 어디에 있을까?

1 입 위
2 귀 옆
3 머리 위

돌고래는 바다에 사는 고래의 한 종류예요. 숨구멍은 돌고래가 숨 쉬기 좋은 곳에 나 있답니다.

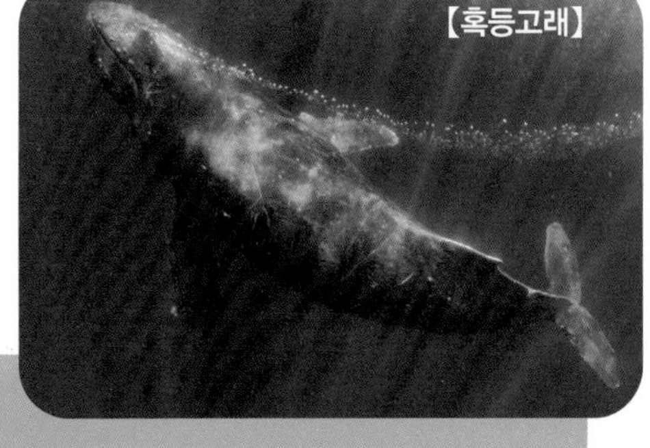
【혹등고래】

【큰돌고래】

3월 26일 퀴즈 정답 1

개구리는 암컷이 수컷을 등에 업고 어부바한 자세로 알을 낳아요. 봄이 되면 흔히 볼 수 있는 모습이지요.

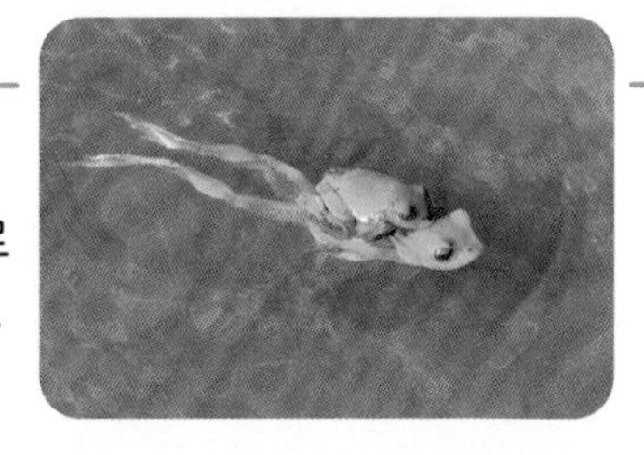

돌고래는 물속에서 바위나 다른 생물과 어떻게 부딪히지 않을까?

【남방큰돌고래】

1. 소리를 내보내서
2. 눈에서 빛을 쏴서
3. 냄새를 느껴서

돌고래는 물속에서 무리를 지어 생활해요.

3월 27일 퀴즈 정답 2

앨버트로스는 평소에 바다 위에서 생활하며 바다 생물을 잡아먹고, 새끼를 키울 때는 육지에 둥지를 만들어요.

공룡이 탄생한 시대는 언제일까?

3월 30일

공룡이 탄생한 시대의 태양 위치와 기온은 지금과 달라요.

트라이아스기

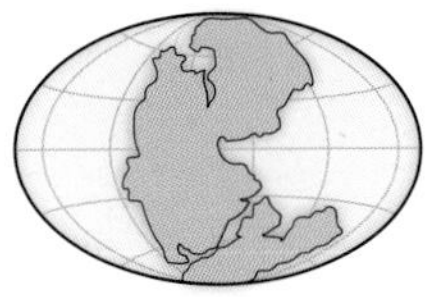

거대한 대륙

덥고 건조함

쥐라기 후기

따뜻하고 비가 많이 내림

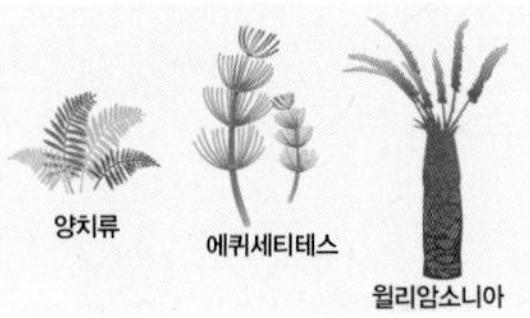

거대한 양치식물

백악기

대륙이 작게 나뉨

덥고 건조함

① 트라이아스기
(2억 4,700만 년 전~2억 1,200만 년 전)

② 쥐라기 후기
(1억 7,000만 년 전~1억 4,500만 년 전)

③ 백악기
(1억 4,500만 년 전~6,600만 년 전)

3월 28일 퀴즈 정답 ③

돌고래는 머리 위에 있는 숨구멍으로 숨을 쉬어요.

말의 몸에서 '제2의 심장'으로 불리는 곳은 어디일까?

【말】

말에게는 심장처럼 온몸에 피를 돌게 하는 역할을 하는 곳이 또 있어요.

1. 종아리
2. 발굽
3. 꼬리

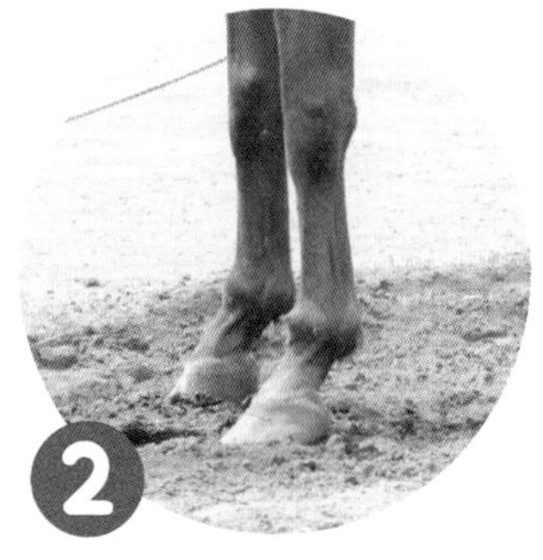

3월 29일 퀴즈 정답 1

돌고래는 머리 앞부분에서 사람에게는 들리지 않는 '초음파'라는 소리를 내보내요. 이 초음파가 사물에 반사되어 돌아오는 걸 느끼고 사물의 위치를 파악할 수 있답니다.

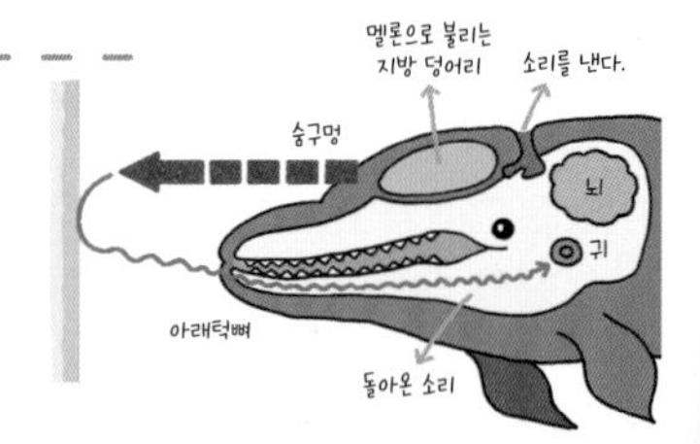

4월의 퀴즈

송사리는 어디에 살까?

【일본북방송사리】

일본에 오래전부터 살고 있는 송사리로는 '일본북방송사리'와 '송사리'가 있어요. 최근에는 환경 변화와 외국에서 건너온 종에게 잡아먹히는 등의 문제가 발생하면서 멸종 위기에 처해 있어요.

【송사리】

1. 커다란 강
2. 개천
3. 바다

3월 30일 퀴즈 정답 1

최초의 공룡은 후기 트라이아스기에 출현했어요. 당시에는 공룡의 몸집이 작았다고 해요.

말의 발가락은 몇 개일까?

말은 시속 70킬로미터 이상으로 달릴 수 있어요.
단단한 발굽은 말이 빠르게 달릴 수 있게 도와준답니다.

【말】

1. 1개
2. 2개
3. 5개

3월 31일 퀴즈 정답 2

말이 달릴 때 발굽이 펌프 역할을 해서
피를 온몸으로 보내요.

새의 귀는 어디에 달려 있을까?

1 머리 위

2 눈 뒤

3 머리 뒤

올빼미과에 속하는 수리부엉이의 얼굴이에요. 귀는 어디에 달려 있을까요?

비둘기의 얼굴이에요. 귀가 어디에 달려 있는지 잘 보이지 않아요.

4월 1일 퀴즈 정답 2

송사리는 물살이 약한 연못이나 개천 등에서 플랑크톤 등을 먹고 살아요.

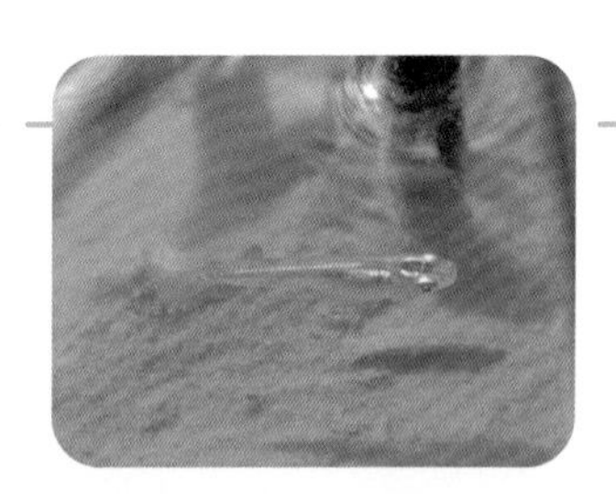

새의 종류는 다양하지만, 사람처럼 귀가 튀어나와 있지는 않아요.

4월 2일 퀴즈 정답 1

말의 발가락은 가운뎃발가락 딱 1개예요. 아주 오랜 옛날에는 말의 조상에게 발가락이 네 개 있었지만, 발굽 1개에만 힘을 집중하며 더 빨리 달릴 수 있게 진화했지요.

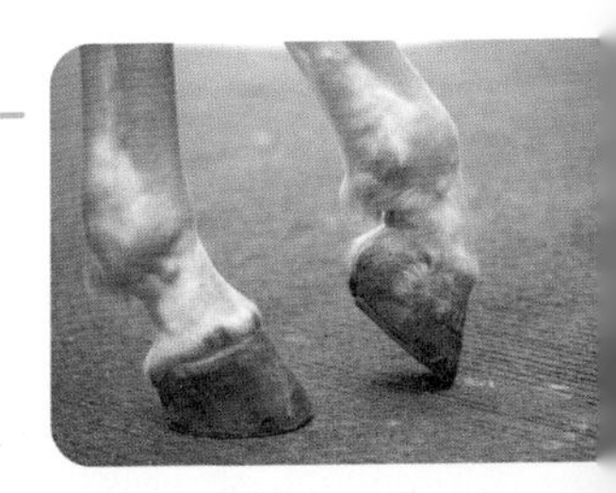

4월 4일

새끼 임팔라는 태어난 뒤 얼마나 지나야 설 수 있을까?

【임팔라】

① 40분

② 1주일

③ 1년

임팔라는 아프리카에 사는 소과 동물이에요. 이들은 무리를 지어 생활하는데, 적을 발견하면 재빨리 서로 알려 주어 더 안전하게 생활할 수 있지요. 도망치는 속도가 아주 빨라서 시속 90킬로미터까지 달릴 수 있고, 9미터 이상의 높은 곳에도 뛰어오를 수 있답니다.

4월 3일 퀴즈 정답 ②

새의 귀는 깃털에 가려져 있을 뿐 사람과 똑같이 눈 뒤에 달려 있어요. 깃털이 없는 새라면 귓구멍이 잘 보인답니다.

화식조

개구리는 다음 중 어떤 파리를 잡아먹을까?

1. 날고 있는 파리
2. 가만히 앉아 있는 파리
3. 죽은 파리

일본산개구리는 작은 곤충 등을 잡아먹어요.

일본산개구리는 풀숲이나 논에 살아요.

【일본산개구리】

땅강아지의 뾰족한 앞다리는 무슨 역할을 할까?

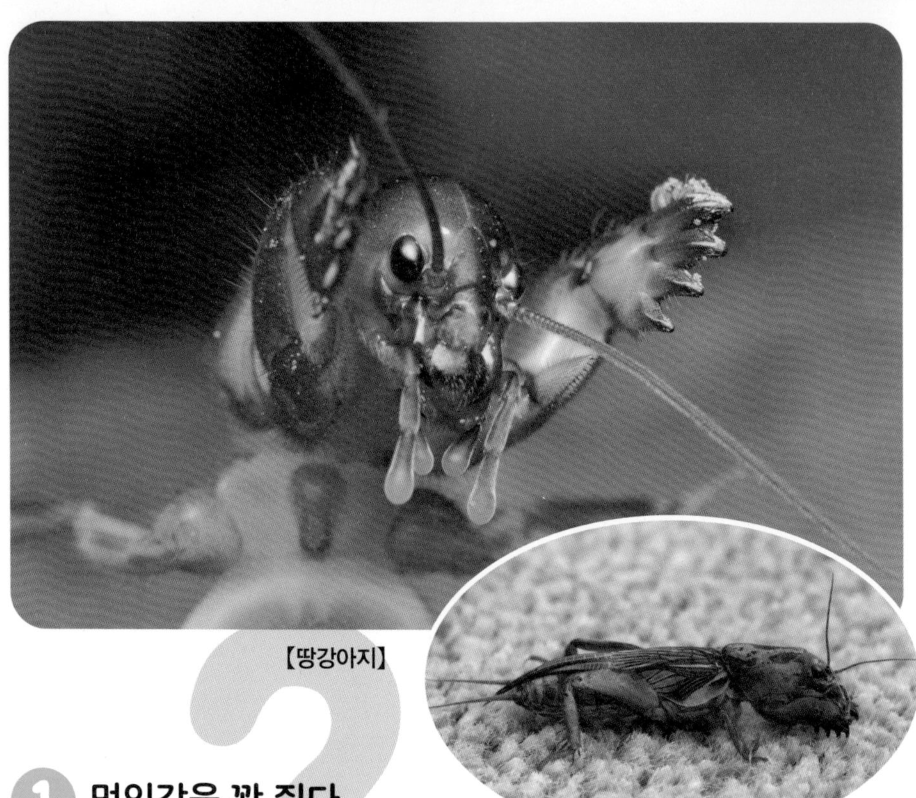

【땅강아지】

1. 먹잇감을 꽉 쥔다.
2. 나무나 바위를 기어오른다.
3. 땅을 파서 굴을 만든다.

땅강아지를 '하늘밥도둑'으로 부르기도 해요. 메뚜기의 한 종류인 땅강아지의 앞발은 두텁고 뾰족한 모양이에요. 마치 사람 손처럼 보이기도 하지요.

4월 4일 퀴즈 정답 1

새끼 임팔라는 태어난 지 40분 만에 두 발로 설 수 있어요. 적이 쫓아오면 새끼 임팔라는 뛰어서 도망친답니다.

박쥐는 어떻게 똥을 쌀까?

1 머리가 아래를 향한 상태로 뒷발로 매달려서

2 공중을 날면서

3 머리가 위를 향한 상태로 앞발로 매달려서

하늘을 나는 박쥐의 모습

박쥐는 똑바로 일어설 수 없어서 뒷발을 천장에 붙이고, 머리가 아래를 향한 상태로 매달려 있어요.

4월 5일 퀴즈 정답 1

개구리는 움직이는 것을 잘 발견해요. 그래서 파리가 날아오르면 곧바로 낚아채지요. 하지만 움직이지 않는 것은 보지 못해서 잡아먹지 못한답니다.

기다란 혀를 순식간에 쭉 뻗어서 먹잇감을 낚아채요.

미국가재는 한국에 어떻게 들어오게 되었을까?

【미국가재】

1. 길러서 먹기 위해
2. 반려동물로 삼기 위해
3. 개구리에게 먹이로 주기 위해

미국가재는 원래 한국에 살던 생물이 아니에요.

4월 6일 퀴즈 정답 3

땅강아지는 앞발로 흙 속에 굴을 파서 생활해요. 하지만 날개가 있어 하늘도 날고 물 위에서 헤엄도 잘 친답니다.

꿀벌은 어떻게 꽃에서 꿀을 모아서 옮길까?

4월 9일

꿀벌은 꽃에서 모은 꿀을 집으로 가지고 돌아가, 애벌레나 다른 동료들에게 식량으로 주거나 저장해 두어요.

【꿀벌】

1. 배 속에 모아서
2. 몸에 발라서
3. 꽃잎으로 그릇을 만들어서

4월 7일 퀴즈 정답 3

박쥐는 똥을 쌀 때만 앞발에 달린 발톱을 위쪽에 걸어 머리가 위로 향하게 해요. 참 재미있지요?

코끼리의 코는 무엇으로 이루어져 있을까?

【아프리카코끼리】

1. 근육
2. 부드러운 뼈
3. 털 뭉치

코끼리는 코를 손처럼 자유롭게 사용해요. 그래서 네 발로 선 채 코로 다양한 일을 할 수 있답니다.

4월 8일 퀴즈 정답 3

한국에 있는 미군이나 그 가족이 반려동물로 삼으려고 미국가재를 들여왔는데, 이것이 도망치면서 야생에 퍼지게 되었답니다.

티라노사우루스의 '티라노'는 무슨 뜻일까?

4월 11일

1. 빠른 발
2. 폭군
3. 커다란 입

육식 공룡인 티라노사우루스의 '사우루스'는 '도마뱀'이라는 뜻이에요.

【티라노사우루스】

4월 9일 퀴즈 정답 1

꿀벌은 기다란 혀로 꿀을 빨아 배 속의 주머니에 저장해요. 집에 도착하면 배 속에 저장해 둔 꿀을 도로 뱉어내지요.

티라노사우루스의 조상은 어디에서 살았을까?

티라노사우루스의 조상으로 알려진 딜롱이에요. 딜롱은 몸길이가 1.6미터 정도로, 13미터인 티라노사우루스에 비하면 매우 작은 편이지요.

딜롱의 몸에서 깃털이 있었던 흔적이 발견되면서, 티라노사우루스에게도 깃털이 있었을 것으로 추측하는 학자도 있어요.

1. 러시아
2. 브라질
3. 중국

4월 10일 퀴즈 정답 1

코끼리의 코는 뼈가 없고 근육만으로 이루어져 있어요. 길이가 약 2미터나 되는 코에는 윗입술이 붙어 있답니다.

아르마딜로의 딱딱한 등딱지는 무엇이 변한 것일까?

1 털

2 피부

3 근육

아르마딜로의 몸은 단단한 등딱지로 덮여 있어요. 적에게 공격받으면 몸을 동그랗게 말아 보호하지요.

【아르마딜로】

4월 11일 퀴즈 정답 2

'티라노'는 그리스어로 '폭군'이라는 뜻이에요. 폭군은 힘세지만 자기 마음대로 하는 나쁜 왕을 뜻하지요. 이빨이 날카롭고 몸집이 큰 육식 공룡이라 폭군 사냥꾼이라는 이미지가 생겼답니다.

새끼 바다거북의 성별은 무엇으로 결정될까?

【바다거북】

1. 수컷과 암컷의 유전자
2. 알이었을 당시 모래의 온도
3. 달이 찬 정도

바다거북은 평소에 바다에서 생활하지만, 알을 낳을 시기가 되면 육지로 올라와요. 모래에 구멍을 판 뒤 그 안에 알을 100개 이상 낳는답니다.

4월 12일 퀴즈 정답 3

티라노사우루스가 살던 곳은 지금의 미국과 캐나다예요. 하지만 그 조상인 딜롱의 화석은 중국에서 발견되었어요.

벌매가 가장 좋아하는 것은 다음 중 무엇일까?

매의 한 종류인 벌매의 얼굴 표면은 비늘처럼 단단해요.

【벌매】

1. 곰의 고기
2. 강에 사는 물고기
3. 벌의 애벌레와 번데기

4월 13일 퀴즈 정답 2

아르마딜로의 등딱지는 피부가 단단하게 변한 거예요. 하지만 배는 부드럽고 연약하답니다.

흰코사향고양이가 가장 좋아하는 과일은 다음 중 무엇일까?

【흰코사향고양이】

① 사과

② 포도

③ 귤

흰코사향고양이는 사향고양이의 한 종류예요. 주로 밤에 활동하는 야행성이고 경계심이 강한 편이라, 평소에는 나무 위에서 생활해요. 말레이시벳도 같은 사향 고양이의 한 종류랍니다.

【말레이시벳】

4월 14일 퀴즈 정답 ②

바다거북의 성별은 알이었을 때 모래의 온도로 결정돼요. 알이 들어 있는 모래의 온도가 30℃보다 낮으면 수컷, 그보다 높으면 암컷이 될 확률이 높다고 해요.

올챙이 다리는 어떻게 자라날까?

【올챙이】

1. 뒷다리부터
2. 앞다리부터
3. 다리 네 개가 동시에

개구리가 낳은 알은 2~3일 만에 부화해서 올챙이가 돼요. 올챙이는 성장하여 개구리가 된답니다.

4월 15일 퀴즈 정답 3

벌매는 벌집을 습격해서 벌의 애벌레와 번데기, 어른벌레를 잡아먹어요. 이때 벌이 침으로 쏘는 것에 대비하기 위해 얼굴이 단단해졌다고 해요.

아귀의 머리에 달린 초롱은 어떤 역할을 할까?

빛을 내며

1. 헤엄치기 쉽게 해 준다.
2. 먹잇감을 끌어들인다.
3. 동료에게 신호를 보낸다.

아귀의 머리에 달린 초롱

아귀는 아주 깊은 바다인 심해의 바닥에 사는데, 머리에는 초롱 같은 돌기가 나 있어요.

【아귀】

4월 16일 퀴즈 정답 3

흰코사향고양이는 귤을 무척 좋아해요. 그 외에 작은 동물도 잡아먹는답니다.

흰코사향고양이가 귤을 먹은 흔적

하이에나의 똥은 무슨 색일까?

포유류

4월 19일

1. 검은색
2. 하얀색
3. 초록색

하이에나의 이빨과 턱은 아주 강력해서 다른 동물이 먹지 못하는 단단한 뼈까지 씹어 먹을 수 있어요.

4월 17일 퀴즈 정답 1

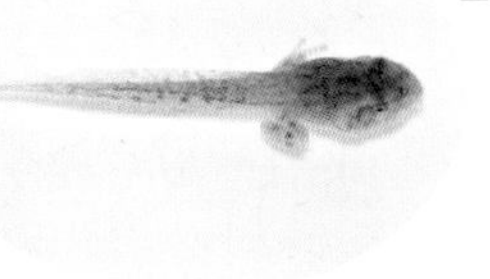

올챙이는 뒷다리가 먼저 자라고 그다음에 앞다리가 자라요. 그 후에는 꼬리가 짧아지고 입이 옆으로 벌어지면서 땅 위로 올라가 개구리가 되지요.

프테라노돈의 앞다리는 어디에 있을까?

【프테라노돈】

프테라노돈은 새처럼 생긴 익룡이에요.

1. 앞다리가 날개로 변했다.
2. 배 속에 숨겨 두었다.
3. 사용하지 않아서 거의 사라졌다.

4월 18일 퀴즈 정답 2

아귀는 어두컴컴한 심해에서 초롱으로 빛을 밝혀 먹잇감을 끌어들여요. 그런 다음, 커다란 입을 쫙 벌려 먹어 치워요.

뱀잠자리 수컷은 암컷을 유혹할 때 어떻게 행동할까?

곤충류 거미류

4월 21일

뱀잠자리의 몸길이는 40밀리미터 정도예요. 먹이를 붙잡을 때 뱀처럼 물고, 생김새가 잠자리를 닮아서 이런 이름이 붙었어요.

1. 커다란 날개로 아름다운 소리를 낸다.
2. 먹을 것을 선물한다.
3. 예쁜 꽃을 선물한다.

4월 19일 퀴즈 정답 2

'사바나의 청소부'로 불리는 하이에나는 먹잇감의 뼈까지 씹어 먹어서 똥도 뼈 색깔과 같은 하얀색이에요.

침팬지와 인간의 유전자는 얼마나 비슷할까?

【침팬지】

1. 50%
2. 85%
3. 96%

아프리카에 사는 침팬지는 원숭이 중에서도 지능이 높다고 해요. 돌과 나뭇가지 등을 도구로 삼아 나무 열매를 깨거나 곤충을 잡는답니다.

4월 20일 퀴즈 정답 1

프테라노돈의 날개는 앞다리의 매우 긴 넷째 발가락과 꼬리 사이에 달린 막이에요.

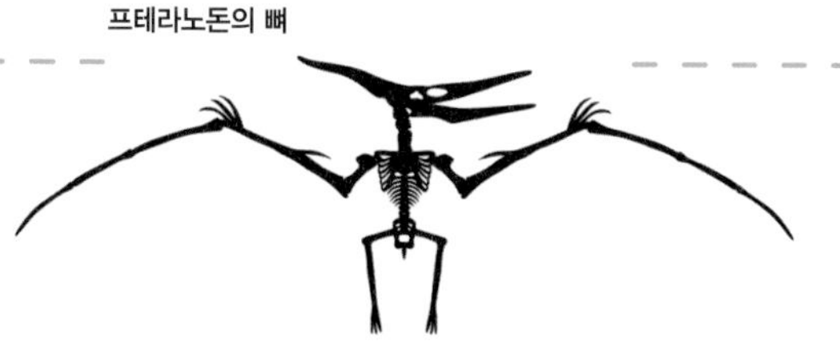
프테라노돈의 뼈

코알라는 하루에 몇 시간이나 잠을 잘까?

1. 3시간
2. 14시간
3. 20시간

호주에 사는 코알라는 나무 위에서 식사도 하고 잠도 자요. 주로 유칼리나무의 잎을 먹지요.

【코알라】

4월 21일 퀴즈 정답 2

수컷 밤잠자리는 짝짓기를 할 때, 자기 몸에서 나온 물질로 만든 젤리를 암컷 잠자리에게 선물해요. 이 젤리에는 영양분이 가득하지요.

완보동물은 어떤 상황에서 죽을까?

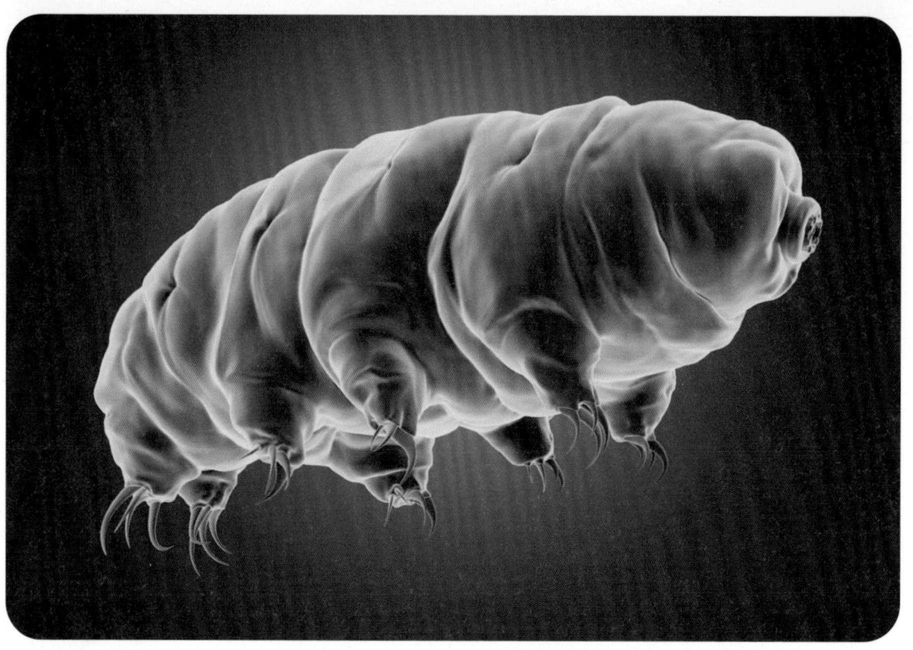

【완보동물】

완보동물은 다리 여덟 개로 천천히 걷는다고 해서 '곰벌레'로도 불려요. 전 세계에 널리 퍼져 살며, 지구상에서 가장 강인한 생물로 알려져 있어요. 영하 273℃, 영상 151℃에서도 살아남는다고 해요.

1. 우주로 나왔을 때
2. 물이 없어질 때
3. 짓이겨질 때

4월 22일 퀴즈 정답 3

인간과 가장 비슷한 동물로는 침팬지와 고릴라가 있어요.

제비는 어디에 둥지를 틀까?

1 강 근처

2 나뭇가지 위

3 건물 벽이나 천장

제비가 새끼를 키우는 계절이 되면, 둥지 근처에서 활기차게 우는 제비들의 소리가 들려요.

【제비】

4월 23일 퀴즈 정답 3

코알라는 주로 밤에 활동하는 야행성인 데다, 소화하기 어려운 유칼리나무의 잎을 먹느라 힘을 많이 써요. 그래서 거의 하루 종일 잠들어 있답니다.

배추흰나비 애벌레는 부화한 뒤 알 껍질을 어떻게 처리할까?

【배추흰나비】

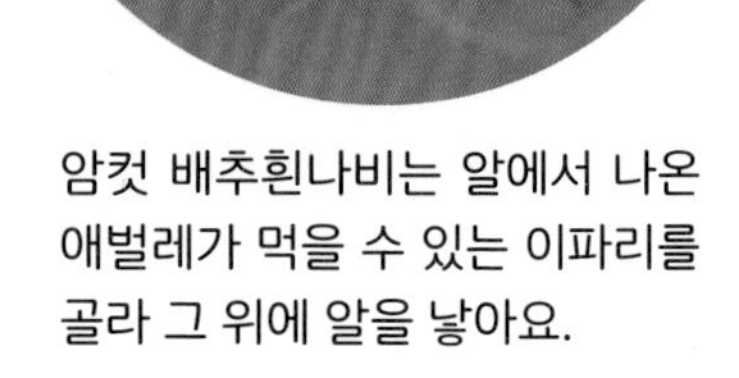

암컷 배추흰나비는 알에서 나온 애벌레가 먹을 수 있는 이파리를 골라 그 위에 알을 낳아요.

1. 먹는다.
2. 어른벌레가 될 때까지 집으로 삼는다.
3. 먹이를 저장하는 창고로 쓴다.

4월 24일 퀴즈 정답 3

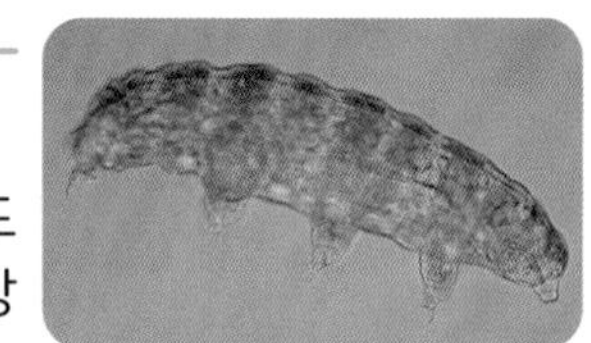

완보동물은 높은 산은 물론이고, 심지어 우주에서도 살 수 있을 만큼 강인해요. 그만큼 지구상에서 가장 강한 생물로 알려져 있지만, 짓이겨지면 죽고 말아요.

황소개구리는 1년 동안 얼마나 많은 알을 낳을까?

① 300~350개

② 1만~2만 개

③ 2억~3억 개

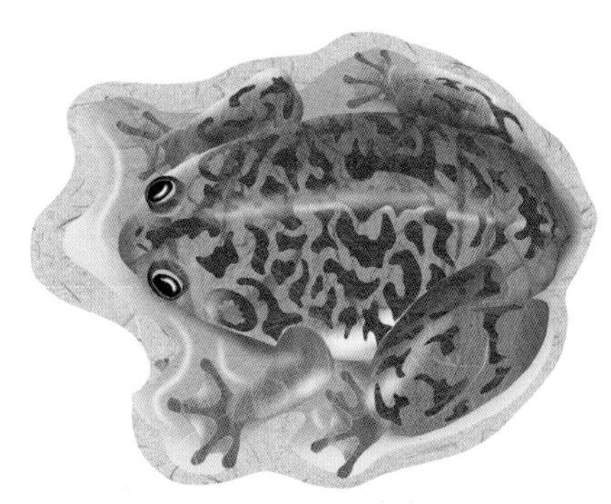

'웅웅' 하는 울음소리가 황소 울음소리와 비슷하다고 해서 황소개구리라는 이름이 붙었어요.

【황소개구리】

4월 25일 퀴즈 정답 ③

제비는 봄이 되면 남쪽에서 날아와, 여름이 되면 사람이 사는 집의 처마 근처에 둥지를 틀어요.

정어리는 떼 지어 다니는데 왜 서로 부딪히지 않을까?

작은 물고기들은 적이 쉽게 공격하지 못하도록 거대한 무리를 지어 다녀요.

【정어리】

1 물의 흐름을 알기 때문에

2 옆을 유심히 보기 때문에

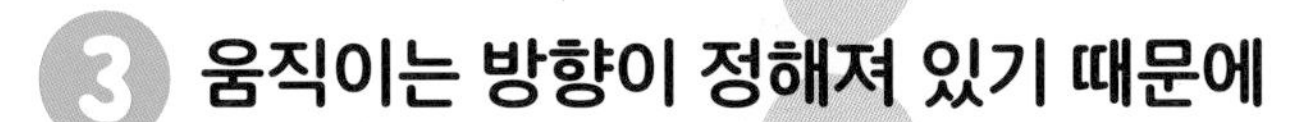

3 움직이는 방향이 정해져 있기 때문에

4월 26일 퀴즈 정답 1

배추흰나비가 낳은 알의 껍질에는 영양이 듬뿍 들어 있어요. 애벌레는 이 껍질을 냠냠 맛있게 먹어요.

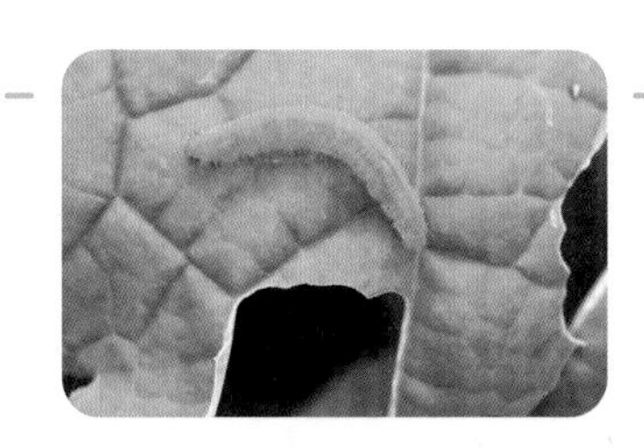

아메리카너구리는 왜 물에 손을 씻는 것처럼 행동할까?

포유류

1 먹이를 찾기 위해

2 성격이 깔끔해서

3 차가운 물을 만지는 것을 좋아해서

【아메리카너구리】

4월 27일 퀴즈 정답 2

황소개구리는 1년 동안 약 1만~2만 개의 알을 낳아요. 6~7월에 연못이나 늪에서 황소개구리의 알을 발견할 수 있어요.

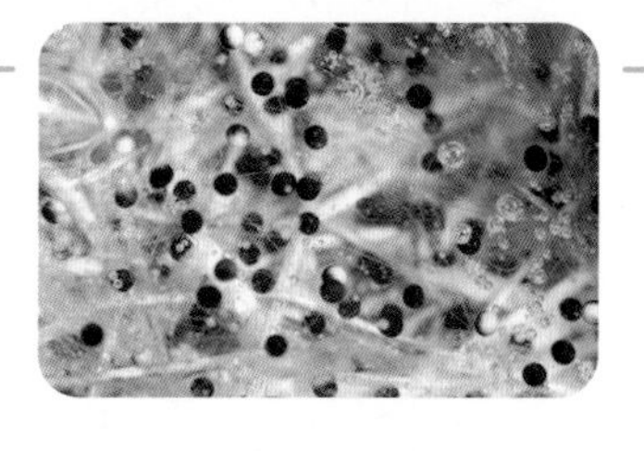

물장군은 빨대 같은 입으로 어떻게 먹잇감을 먹을까?

1. 물풀의 즙을 빨아 먹는다.
2. 물을 빨아들여 그 안에 든 작은 생물 따위를 먹는다.
3. 먹잇감의 몸에 입을 꽂아 혈액 등의 액체 성분을 빨아 먹는다.

【물장군】

물장군은 물속에서 생활하는 노린재의 한 종류예요. 그래서 '물에 사는 노린재'로도 불리지요. 빨대 같은 입과 낫처럼 생긴 앞다리가 특징이에요.

4월 28일 퀴즈 정답 1

정어리는 몸 옆에 있는 옆줄이라는 기관으로 물의 흐름을 느낄 수 있어요. 그래서 다른 물고기의 움직임을 파악해 서로 부딪히지 않으며 헤엄치지요.

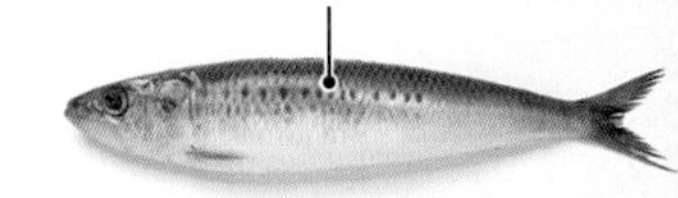

몸 옆의 검은 점이 옆줄이에요.

5월의
퀴즈

비버는 위험한 상황이 닥치면 어떻게 행동할까?

【비버】

1. 꼬리로 물 위를 내리친다.
2. 큰 소리로 운다.
3. 진한 냄새를 풍긴다.

쥐의 한 종류인 비버는 물가에 살아요. 꼬리는 넓적하고 털이 없는데, 헤엄칠 때 이 꼬리가 배를 젓는 노의 역할을 해요.

4월 29일 퀴즈 정답 1

아메리카너구리는 물속에 앞발을 넣어 더듬으며 먹잇감을 찾아요. 그 모습이 마치 물속에서 손을 씻는 것처럼 보이지요. 주로 개구리나 가재를 잡아먹어요.

봄이 되면 매화나무를 자주 찾는 새는 다음 중 무엇일까?

1 꾀꼬리

2 종다리

3 동박새

4월 30일 퀴즈 정답 3

물장군은 육식 곤충이에요. 먹잇감을 발견하면 빨대처럼 생긴 입으로 찔러 독을 흘려 넣어 몸을 마비시켜요. 그런 다음, 속살을 물컹물컹하게 녹여 빨아 먹는답니다.

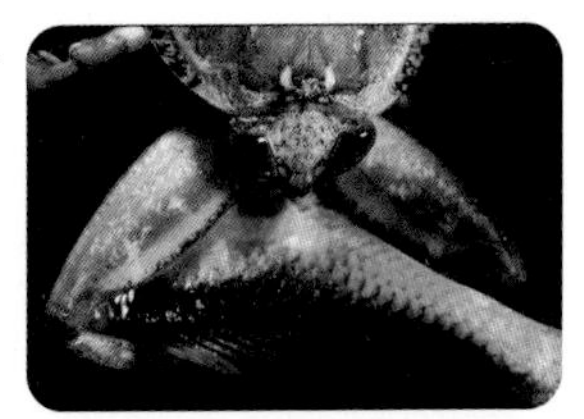

물맴이의 눈은 몇 개일까?

【물맴이】

1. 1개
2. 4개
3. 8개

물맴이는 물속에서 생활하는 작은 곤충이에요. 물 위를 둥실둥실 헤엄쳐 다니지요.

5월 1일 퀴즈 정답 1

비버는 위험을 느끼면 꼬리로 물 위를 탕탕 내리쳐 커다란 소리를 내요. 가족에게 위험을 알리기 위해서예요.

날도래 애벌레가 만든 집은 무엇으로 이루어져 있을까?

날도래 애벌레는 물속에서 살다가 어른벌레가 되면 나비나 나방처럼 날아가요.

【날도래 애벌레】

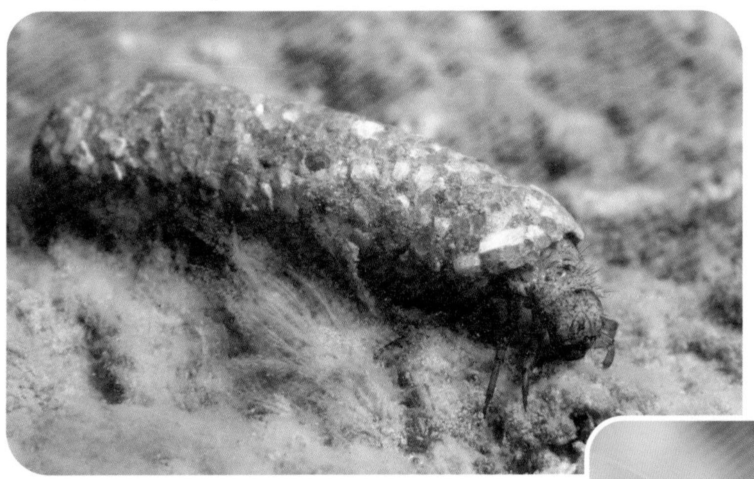

1 자기가 허물을 벗은 껍데기

2 자신의 똥

3 낙엽과 자갈

【날도래 어른벌레】

5월 2일 퀴즈 정답 3

동박새는 꽃꿀을 좋아해서 봄이 되면 매화의 꿀을 빨러 와요. 서로 잘 어울리는 둘을 흔히 '매화에 휘파람새'로 표현하는데, 사실 휘파람새가 아니라 동박새라는 이야기도 있답니다.

육식 공룡의 이빨은 다음 중 무엇일까?

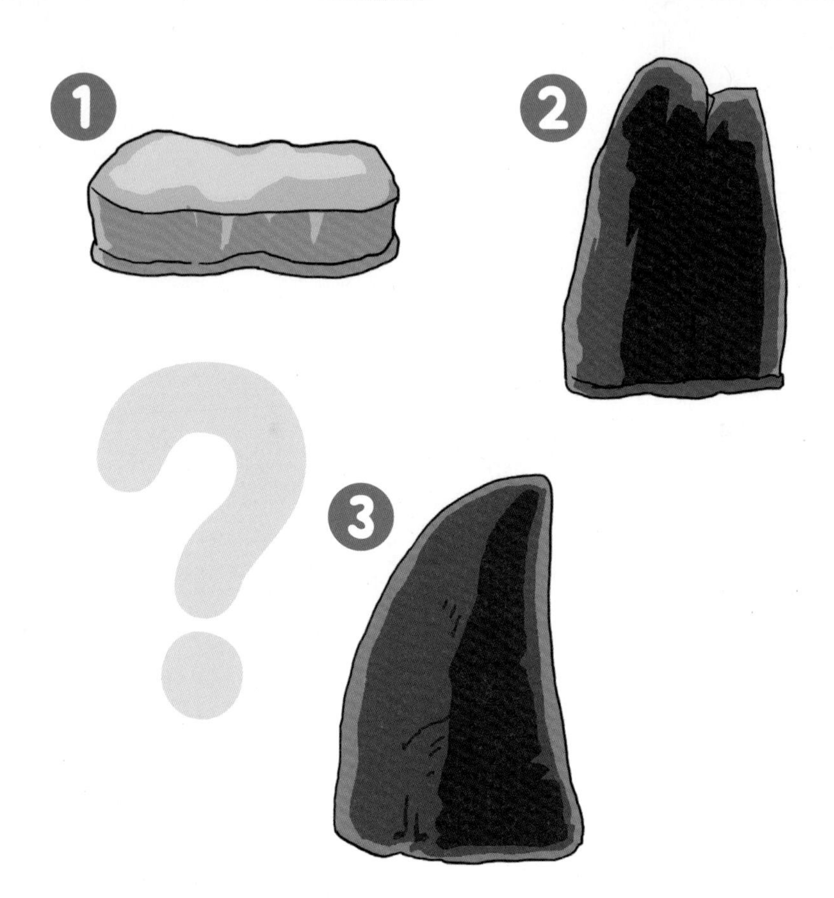

먹는 음식에 따라 이빨도 달라져요. 공룡을 연구하는 학자는 이빨 화석을 보고 육식 공룡인지, 초식 공룡인지 추측해요.

5월 3일 퀴즈 정답 2

물맴이의 겹눈은 2개인데, 중간에 막이 있어서 위아래로 나뉘기 때문에 결국 눈이 4개예요.

거피는 어떻게 태어날까?

1 알에서

2 새끼 물고기의 형태로

3 어미의 입에서

거피는 다른 나라에서 들어온 물고기로, 따뜻한 개천 등지에 살아요.

【거피】

5월 4일 퀴즈 정답 3

날도래 애벌레는 물속에 있는 낙엽과 자갈로 집을 짓고 살아요. 종에 따라 집을 짓는 재료나 모양이 조금씩 다르답니다.

수컷 남방코끼리물범은 어떻게 적을 위협할까?

【남방코끼리물범】

1. 입에서 물을 내뿜는다.
2. 앞발을 퍼덕인다.
3. 코를 크게 부풀린다.

남방코끼리물범은 몸집이 무척 커요. 수컷의 몸길이는 4~6미터나 된답니다.

5월 5일 퀴즈 정답 3

육식 공룡의 이빨은 고기를 찌르거나 씹기에 좋게 날카롭고 뾰족한 모양이에요.

목도리도마뱀은 어떤 상황에서 목도리를 펼칠까?

1. 도망칠 때
2. 적을 위협할 때
3. 부채질하며 몸을 식힐 때

목도리도마뱀은 호주와 뉴기니섬에 살며, 몸길이가 700밀리미터 이상인 것도 있어요. 목 주위의 피부가 커다란 목도리처럼 생긴 게 특징이지요.

【목도리도마뱀】

목도리를 접은 모습.

5월 6일 퀴즈 정답 2

거피는 어미의 배 속에서 부화해요. 그래서 다른 물고기와는 다르게 어린 물고기 모습으로 태어나지요. 알에서 깬 지 얼마 안 되는 어린 물고기를 치어라고 해요.

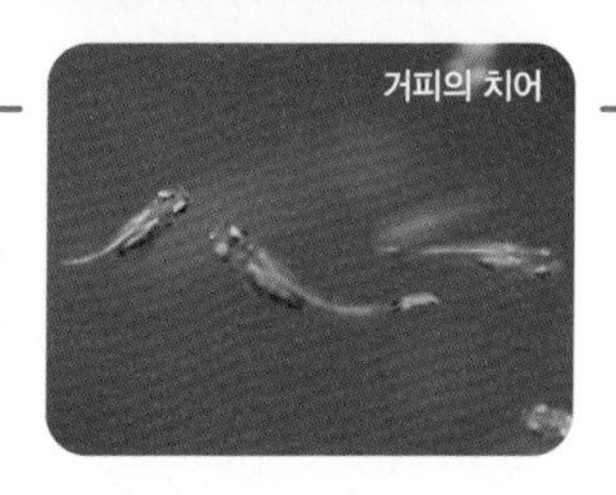

거피의 치어

게가 걸을 때 사용하는 다리는 몇 개일까?

【털게】

1 2개

2 8개

3 10개

게의 다리는
총 10개예요.

5월 7일 퀴즈 정답 3

수컷 남방코끼리물범은 기다란 코를 부풀려 큰 소리를 내며 상대를 위협해요.

수달을 본떠 만들어진 전설의 생물은 무엇일까?

【작은발톱수달】

수달은 강에 살아요.

1. 인어
2. 유니콘
3. 갓파(물속에 사는 일본의 요괴)

5월 8일 퀴즈 정답 2

목도리도마뱀은 목 주변의 피부를 목도리처럼 쫙 펼쳐 적을 위협해요. 도망칠 때는 목도리를 펼친 채 뒷다리로 서서 뛰어가요.

해달은 바다에 떠서 잠들어도 왜 멀리 떠내려가지 않을까?

【해달】

1. 꼬리를 계속 흔들어서
2. 바위에 착 달라붙어서
3. 몸에 다시마를 꽁꽁 둘러서

5월 9일 퀴즈 정답 2

게의 얼굴 옆에 붙어 있는 다리는 집게발로, 먹잇감을 잡거나 싸울 때 써요. 게는 나머지 다리 8개로 걷는답니다.

꿀벌의 집은 몇 각형일까?

1 사각형

2 오각형

3 육각형

꿀벌은 집의 재료가 되는 꽃꿀을 배 속에 저장하고, 뒷다리에 꽃가루를 묻혀 집으로 돌아가요.

【꿀벌】

5월 10일 퀴즈 정답 3

갓파는 거북이 같은 등껍질과 접시처럼 생긴 머리, 물갈퀴가 달린 손발이 특징인 요괴예요. 두 다리로 서고 수영이 특기인 수달을 본떠 만들어졌다고 해요.

5월 13일

소의 위장 안에는 방이 몇 개 있을까?

【소】

1. 4개
2. 3개
3. 8개

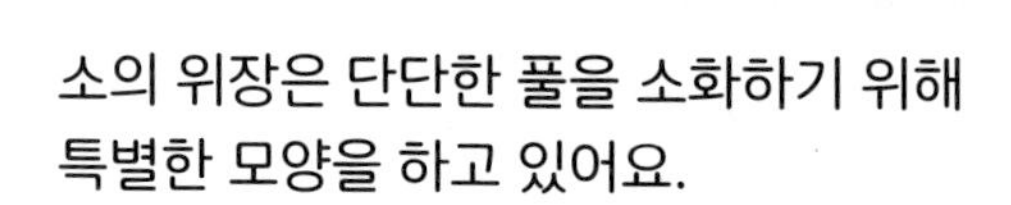

소의 위장은 단단한 풀을 소화하기 위해 특별한 모양을 하고 있어요.

5월 11일 퀴즈 정답 3

해달은 바위에 붙어 있는 다시마를 몸에 두르고 있어서 물살에 떠내려가지 않아요.

파라사우롤로푸스의 볏은 어떤 역할을 했을까?

【파라사우롤로푸스】

1. 동료와 대화한다.
2. 안에 뇌가 들어 있다.
3. 물속에서 숨 쉬게 한다.

5월 12일 퀴즈 정답 3

꿀벌의 육각형 벌집은 적은 재료로도 튼튼한 형태를 유지해요. 일벌은 몸에서 분비하는 '밀랍'으로 벌집을 만든답니다.

5
월
15
일

기린은 새끼를 배 속에 얼마나 오래 품고 있을까?

평상시 기린의 배

1. 5개월
2. 10개월
3. 15개월

【기린】

사람은 아기를 10개월 동안 배 속에 품어요.

5월 13일 퀴즈 정답 ①

소의 위장에는 4개의 방이 있는데, 그 이유는 풀을 잘 소화하기 위해서예요. 풀은 4개의 방을 거치는 동안 잘게 분해되지요.

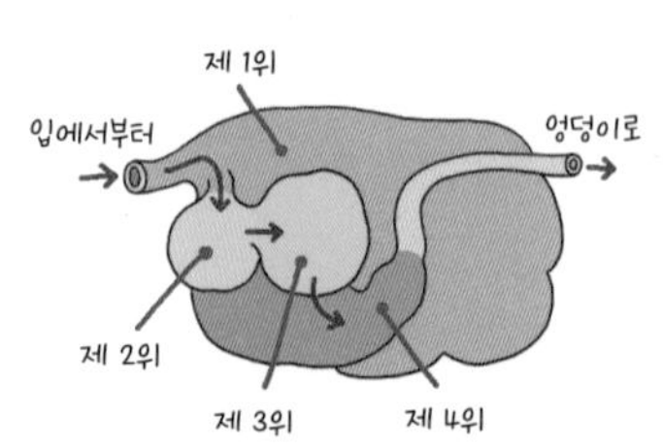

5월 16일

붕어의 몸속에 없는 장기는 다음 중 무엇일까?

붕어는 강의 하류, 호수, 늪 등지에 살아요.
물의 밑바닥에 사는 작은 생물을 주로 잡아먹지요.

【붕어】

1. 위
2. 장
3. 항문

위는 먹은 음식을 잘게 만들거나 저장하는 장기예요. 장은 음식의 영양분을 소화, 흡수하는 장기이지요. 항문은 소화하고 난 찌꺼기를 똥으로 내보내는 출구예요.

5월 14일 퀴즈 정답 1

파라사우롤로푸스의 볏 속은 텅 비어 있었어요. 파라사우롤로푸스는 이 텅 빈 볏을 이용해 울음소리를 울려 퍼뜨려 동료와 대화하거나 적을 위협했던 것으로 추측돼요.

5월 17일

수컷 오랑우탄은 몸의 어느 부위로 자기가 강하다는 것을 드러낼까?

【오랑우탄】

1. 엉덩이
2. 눈
3. 뺨

오랑우탄은 하루 중 대부분을 나무 위에서 보내요.

5월 15일 퀴즈 정답 3

기린은 임신 기간이 길어요. 이렇게 배 속에 오래 품고 있다 보니 갓 태어난 새끼도 키가 2미터, 몸무게는 100킬로그램이 넘지요. 태어난 뒤 한 시간이 지나면 일어설 수도 있답니다.

짚신벌레가 몸을 합치면 어떤 변화가 일어날까?

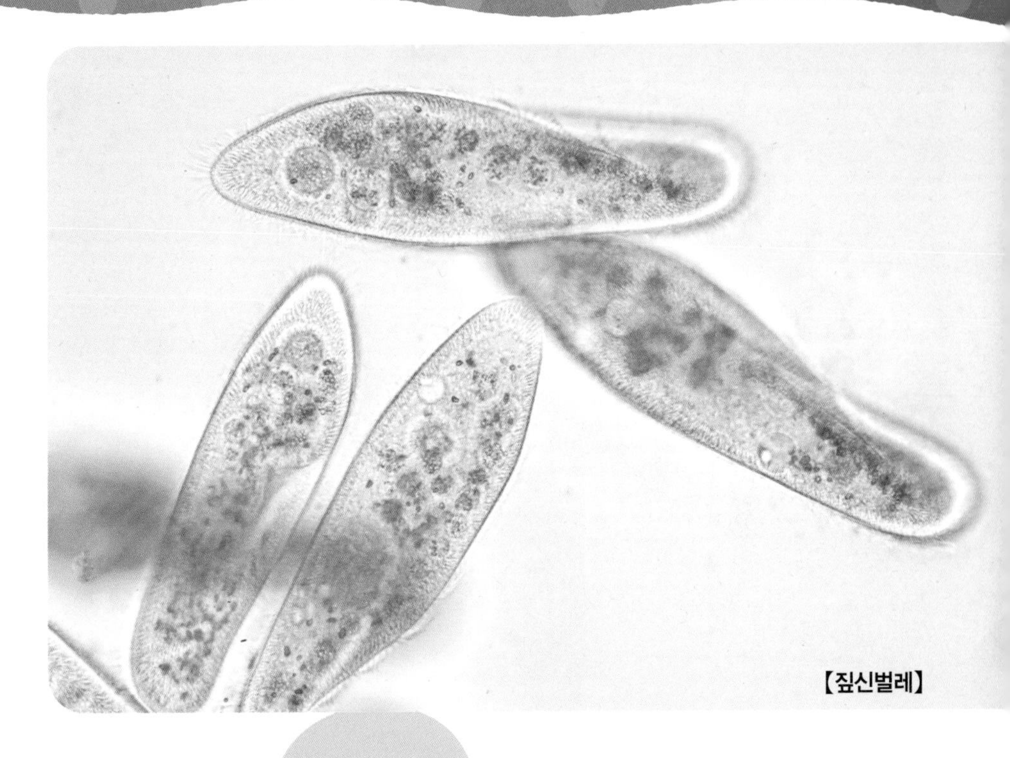

【짚신벌레】

1 죽는다.

2 새끼로 돌아간다.

3 색이 변한다.

짚신벌레는 길쭉한 짚신처럼 생긴 미생물로 물가에 살아요. 나이와 성별이 제각기 달라서, 자신과는 다른 유형의 상대와 몸을 합쳐 유전자를 교환해요.

5월 16일 퀴즈 정답 1

붕어는 플랑크톤처럼 작은 생물을 먹기 때문에 위가 없어도 괜찮아요. 따라서 먹이를 먹으면 식도를 지나 곧장 장으로 가지요. 꽁치와 정어리도 위가 없답니다.

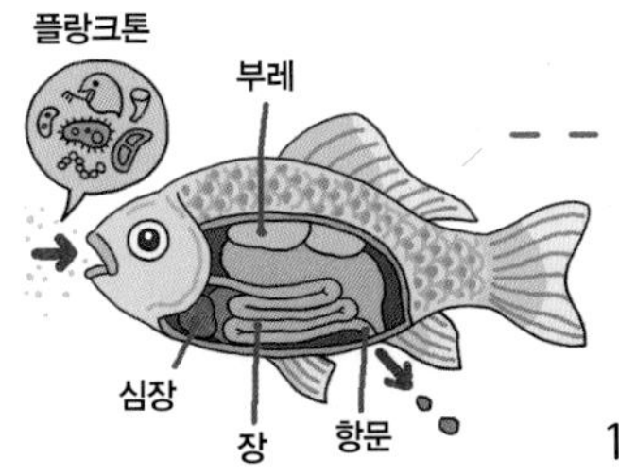

라텔은 어떻게 벌집을 찾을까?

라텔은 사바나에서 혼자 생활하며 곤충, 물고기, 개구리, 새의 알, 작은 동물, 나무 열매와 벌꿀을 먹어요.

【라텔】

1. 냄새로 찾는다.
2. 새가 알려 준다.
3. 벌을 쫓아간다.

5월 17일 퀴즈 정답 3

힘센 수컷

어른이 되면 힘센 오랑우탄의 수컷은 뺨이 크게 부풀어 올라요. 이 커다란 얼굴로 다른 수컷과 적을 위협하지요.

얼룩말은 각각 어떻게 구별할까?

5월 20일

1 냄새

2 무늬

3 울음소리

얼룩말은 무리 지어 생활하는데, 다른 동물이 볼 때 얼룩말 무리는 하나의 커다란 덩어리처럼 보여요. 그래서 적으로부터 몸을 보호하기에 유리하지요.

【얼룩말】

5월 18일 퀴즈 정답 2

둘이 몸을 합쳐 하나가 된 짚신벌레는 다시 새끼로 돌아가 둘로 나뉘어 개체 수를 늘려요.

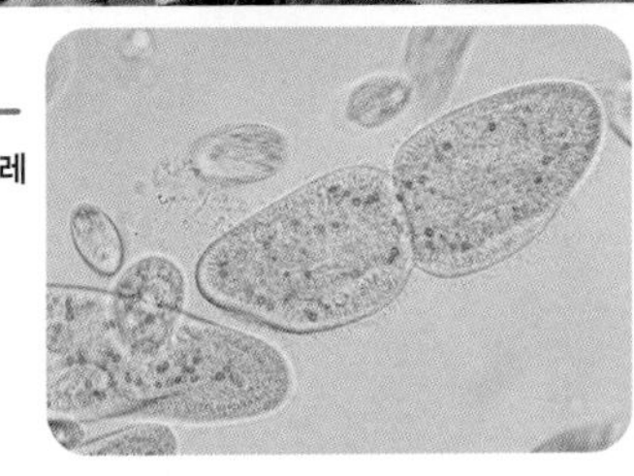
둘로 나뉘는 짚신벌레

다음은 어떤 물고기의 알일까?

1. 철갑상어
2. 청어
3. 연어

주로 초밥 위에 이 물고기의 알을 올려서 먹곤 한답니다.

5월 19일 퀴즈 정답 2

벌꿀길잡이새라는 새가 큰 소리로 울어 라텔에게 벌집이 있는 장소를 알려 준답니다. 라텔이 벌집을 부순 뒤 벌꿀을 먹으면, 벌꿀길잡이새는 남은 찌꺼기를 먹지요.

대왕판다의 가마는 어디에 있을까?

사람의 가마는 머리 윗부분인 정수리에 있어요.

【대왕판다】

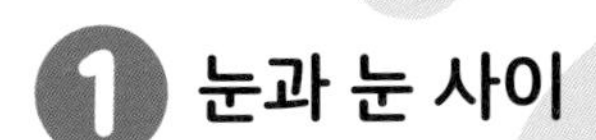

1. 눈과 눈 사이
2. 턱
3. 등

5월 20일 퀴즈 정답 2

얼룩말은 무늬가 제각기 조금씩 달라요. 그래서 학자들은 무늬를 보고 얼룩말을 구별한답니다.

양서류

파충류

개구리와 같은 양서류는 왜 항상 물 근처에서 살까?

【참개구리】

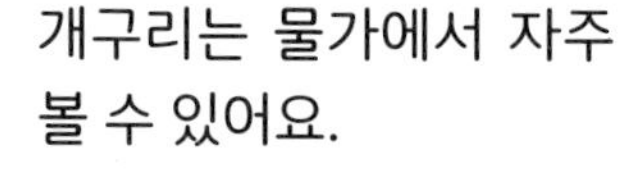

개구리는 물가에서 자주 볼 수 있어요.

1. 벌레를 잡아먹기 위해
2. 피부를 촉촉하게 유지하기 위해
3. 헤엄치는 것을 좋아해서

5월 21일 퀴즈 정답 3

사진에 나온 알은 바로 연어 알이에요. 고급 음식 재료로 꼽히는 철갑상어의 알은 '캐비어'로 불려요.

물방개의 뒷다리에 난 털은 무슨 역할을 할까?

물방개의 뒷다리에는 기다란 털이 북실북실 나 있어요.

【물방개】

1. 먹이를 끌어들이는 미끼 역할을 한다.
2. 물속에서 헤엄치기 쉽게 해 준다.
3. 물속의 산소를 머금는다.

5월 22일 퀴즈 정답 1

대왕판다의 가마는 머리가 아닌 눈과 눈 사이에 있어요.

5월 25일

곤충류 거미류

물방개는 왜 개체 수가 줄었을까?

【검정물방개】

1. 사람들이 많이 잡아들여서
2. 외국에서 온 생물에게 잡아먹혀서
3. 여름철에 기온이 너무 높아져서

물웅덩이에서도 종종 볼 수 있어요.

5월 23일 퀴즈 정답 2

개구리는 폐뿐만 아니라 피부로도 숨 쉬기 때문에 피부를 항상 촉촉하게 유지해야 해요. 또한, 개구리 알에도 껍데기가 없기 때문에 물이 있는 장소에서만 살아갈 수 있답니다.

가다랑어가 죽으면 몸에 어떤 변화가 생길까?

가을철에 잡은 가다랑어는 기름기가 많아서 무척 맛있다고 해요.

【가다랑어】

가다랑어 회

① 배에 줄무늬가 생긴다.

② 등에 줄무늬가 생긴다.

③ 온몸이 까매진다.

5월 24일 퀴즈 정답 ②

물방개의 뒷다리에 난 기다란 털은 배를 젓는 노와 같은 역할을 해요. 물방개가 헤엄치며 앞으로 나아갈 수 있게 도와주지요.

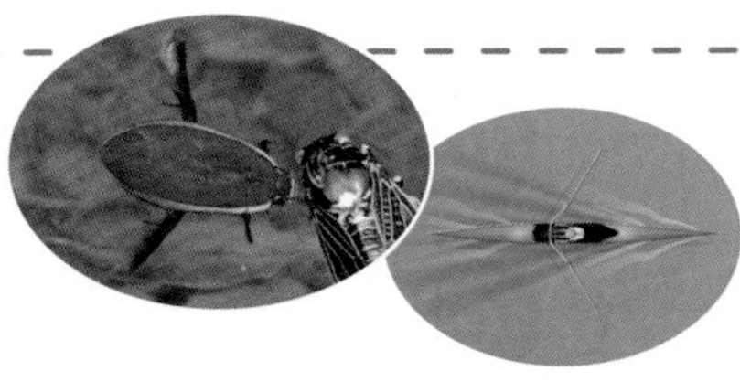

5월 27일

스피노사우루스는 어떻게 먹잇감을 찾았을까?

1. 귀로 먹잇감이 내는 소리를 듣고 구분했다.
2. 물의 움직임으로 먹잇감의 위치를 파악했다.
3. 냄새로 구분했다.

스피노사우루스는 물속에서 잡은 물고기 따위를 먹었을 것으로 보여요.

【스피노사우루스】

5월 25일 퀴즈 정답 2

물방개는 미국가재나 황소개구리처럼 다른 나라에서 들어온 것들의 먹이가 된 데다, 인간의 환경 파괴로 인해 개체 수가 줄었어요.

초식 공룡은 다음 중 무엇일까?

1 벨로키랍토르

2 트리케라톱스

3 알로사우루스

5월 26일 퀴즈 정답 1

살아 있는 가다랑어는 무늬가 없지만, 죽은 뒤에는 배에 줄무늬가 생겨요.

생선 가게에서 파는 가다랑어의 배에는 줄무늬가 있어요.

맥은 적에게 공격당하면 어디로 도망칠까?

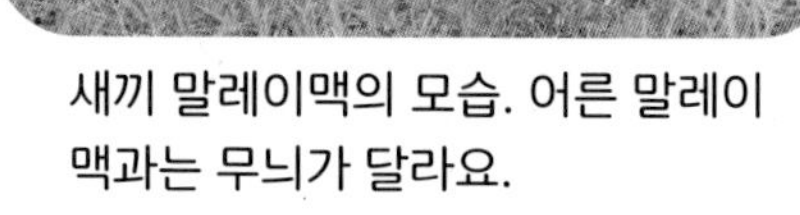

새끼 말레이맥의 모습. 어른 말레이맥과는 무늬가 달라요.

① 나무 위

② 흙 속

③ 물속

5월 27일 퀴즈 정답 ②

스피노사우루스의 위턱 끝에는 작은 구멍이 나 있는데, 이 구멍을 통해 물의 움직임을 파악했다고 해요.

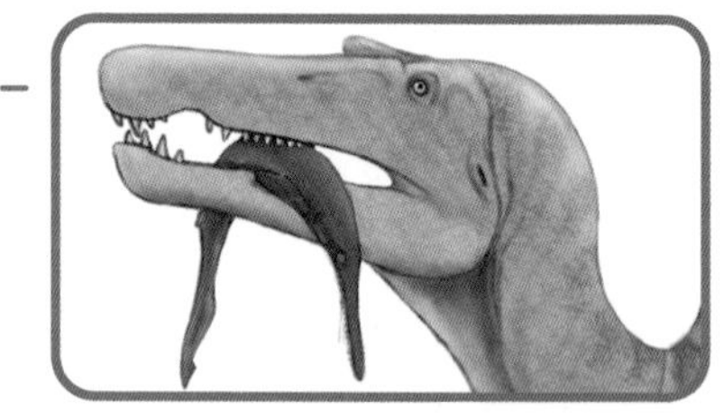

오색딱따구리는 1초에 나무를 몇 번이나 쪼을까?

딱딱구리는 단단하고 강한 부리로 나무를 쪼는데, 이것을 '드러밍'이라고 해요.

1. 1회
2. 5회
3. 20회

【오색딱따구리】

5월 28일 퀴즈 정답 2

초식 공룡의 커다란 뿔과 목에 난 가시는 육식 공룡과 싸울 때 무기 역할을 한 것으로 알려져 있어요.

여우는 새끼가 독립할 때 어떻게 행동할까?

1. 공격해서 떨쳐낸다.
2. 몸을 핥는다.
3. 먹이를 잔뜩 준다.

【북방여우】

여우는 엄마와 아빠, 독립한 어린 암컷이 함께 새끼를 키워요. 어린 암컷은 새끼를 키우며 엄마가 되는 연습을 한답니다.

5월 29일 퀴즈 정답 3

맥은 수영을 잘해서 적이 나타나면 물속으로 도망쳐요.

6월의 퀴즈

강의 상류에서 태어난 연어는 어디에서 자랄까?

【연어】

【연어의 치어】

1 바다

2 태어난 강

3 폭포

연어는 강의 상류에서 부화한 뒤 헤엄칠 수 있게 되면 바다로 여행을 떠나요. 연어 중에는 땅의 생김새가 변하는 바람에 다른 곳으로 이동하지 못하고, 태어난 곳에서 자라는 종도 있어요.

5월 30일 퀴즈 정답 3

딱따구리는 1초에 20번이나 나무를 쪼아요. 이렇게 나무를 쪼는 소리로 자기 영역을 주장하기도 하고, 여러 마리가 함께 쪼기도 해요.

폭탄먼지벌레가 적에게서 몸을 보호하는 수단은 무엇일까?

1. 날카로운 턱
2. 다리에서 나오는 독
3. 엉덩이로 내보내는 방귀

폭탄먼지벌레는 밤에 활동하는 야행성이면서 육식 곤충이에요. 몸에는 눈에 띄는 주황색 무늬가 있지요.

【폭탄먼지벌레】

5월 31일 퀴즈 정답 1

여우는 겨울에서 여름에 걸쳐 새끼를 키우고, 새끼를 독립시킬 때는 공격해서 내쳐요.

소금쟁이는 어떻게 물 위를 걸을까?

【소금쟁이】

1. 부레가 있어서
2. 공기를 배출해 물 위에 뜰 수 있어서
3. 다리로 물을 튕겨 내서

6월 1일 퀴즈 정답 1

강의 상류에서 태어난 연어는 강을 내려와 바다를 여행하며 성장해요. 알을 낳을 때가 되면 태어났던 강의 상류로 돌아온답니다. 이때 물살을 거슬러 거꾸로 올라와야 해서 무척 힘들어요.

새끼 수컷 사자는 몇 살까지 어미와 함께 지낼까?

【사자】

1 세 살

2 열 살

3 열다섯 살

사자는 고양이과 동물 중에서 유일하게 무리를 지어 생활하는 동물이에요. 암컷이 사냥하고 수컷은 주변을 살피거나 망 보는 역할을 해요.

6월 2일 퀴즈 정답 3

폭탄먼지벌레는 엉덩이에서 약 100℃의 뜨겁고 고약한 냄새가 나는 방귀를 뀌어 적을 공격해요.

야생 동물에게는 왜 썩은 이빨이 없을까?

【사자】

사자 같은 야생 동물에게는 썩은 이빨이 없지만, 반려동물의 이빨은 종종 썩곤 해요.

1. 매일 이빨을 닦아서
2. 설탕을 안 먹어서
3. 이빨이 튼튼해서

6월 3일 퀴즈 정답 3

소금쟁이의 다리털에는 기름이 묻어 있어서 물을 튕겨 내기 때문에 물 위를 걸을 수 있어요.

소금쟁이의 다리 털이 자란 모습

뱀의 눈 옆에 난 구멍은 무슨 역할을 할까?

먹잇감을 잡는 데 도움을 줘요.

1 독을 내뿜는다.

2 색을 파악한다.

3 열을 느낀다.

6월 4일 퀴즈 정답 1

새끼 수컷 사자는 세 살이 되면 무리를 떠나요. 다 자란 수컷은 평생 이리저리 방황하며 살기도 하고, 다른 무리를 빼앗아 대장이 되기도 해요.

6월 7일

생쥐의 꼬리는 어떤 역할을 할까?

【생쥐】

1. 벌레를 끌어들인다.
2. 체온을 조절한다.
3. 나무에 매달린다.

6월 5일 퀴즈 정답 2

야생 동물이 먹는 먹이에는 설탕이 들어 있지 않아서 충치가 잘 생기지 않아요.

알로사우루스는 무엇을 잡아먹고 살았을까?

① 작은 공룡

② 커다란 공룡

③ 파충류와 어류

알로사우루스는 쥐라기 시대의 가장 강력한 육식 공룡 중 하나로 알려져 있어요. 튼튼한 턱과 갈퀴처럼 생긴 날카로운 발톱을 이용해 사냥했지요. 몸집은 티라노사우루스보다 약간 작았답니다.

【알로사우루스】

6월 6일 퀴즈 정답 ③

시력이 좋지 않은 뱀은 이 구멍으로 먹잇감이 내뿜는 열을 느끼고, 먹잇감을 순식간에 낚아채요.

열을 느끼는 센서 역할을 하는 이 구멍을 피트 기관이라고 해요.

6월 9일

족제비는 적을 무찌르기 위해 어떻게 행동할까?

【족제비】

1. 고약한 냄새를 풍긴다.
2. 큰 소리를 낸다.
3. 손으로 때린다.

족제비는 강가에 혼자 살며 들쥐, 개구리, 가재 등을 먹어요.

6월 7일 퀴즈 정답 2

생쥐의 꼬리는 몸에 흐르는 혈액량에 따라 체온을 조절하는 아주 중요한 역할을 해요.

송장헤엄치개는 어떻게 헤엄칠까?

곤충류
거미류

6월 10일

연못이나 늪에 사는 송장헤엄치개는 노린재의 한 종류예요. 기다란 다리로 매우 독특하게 헤엄친답니다.

【송장헤엄치개】

1 빙글빙글 돌면서 헤엄친다.

2 거꾸로 누워 헤엄친다.

3 점프하면서 헤엄친다.

6월 8일 퀴즈 정답 2

알로사우루스는 자신과 몸집이 비슷한 스테고사우루스도 공격했어요. 스테고사우루스의 뿔에 다친 알로사우루스의 화석이 발견되기도 했지요.

6월 11일

가오리의 코는 다음 중 무엇일까?

가오리는 상어의 한 종류로,
바닷속에서 날갯짓하듯 헤엄쳐요.

6월 9일 퀴즈 정답 ①

족제비는 엉덩이에서 고약한 냄새가 나는 액체를 내뿜어 적을 놀라게 해요.

비 오는 날에 개구리가 우는 이유는 무엇일까?

1. 활동하기에 좋아서
2. 비가 싫어서
3. 적이 다가오는 것을 막기 위해

【황소개구리】

개구리는 다양한 울음소리를 내며 동료와 대화해요.
무슨 소리를 내는지 귀 기울여 들어볼까요?

6월 10일 퀴즈 정답 2

송장헤엄치개는 물 위에 떨어진 벌레를 재빨리 낚아채기 위해 거꾸로 누워 헤엄치는 것으로 보여요.

6월 13일

바다사자와 바다표범은 어떻게 다를까?

바다사자와 바다표범은 바닷가에 사는 포유류로, 생김새가 무척 비슷해요.

바다표범

1. 귀와 걸음걸이
2. 코와 잠자는 방법
3. 입과 울음소리

❶번은 가오리의 눈, ❷번은 코, ❸번은 아가미예요. 가오리 중에서 큰 것은 몸길이가 1미터도 넘는답니다. 바다 밑바닥에 살며 조개나 게, 새우 등을 먹지요.

인도공작은 밤이 되면 어디에서 잘까?

조류

6월 14일

【인도공작 수컷】

【인도공작 암컷】

암컷은 겉모습이 수컷만큼 화려하지는 않지만, 둥지나 새끼를 지키는 역할을 해요.

1. 나뭇가지 위
2. 풀숲 안
3. 땅에 파 놓은 구멍 안

6월 12일 퀴즈 정답 1

보통 개구리가 울면 비가 온다고 해요. 개구리에게 물은 무척 소중하기 때문에 비가 오면 기뻐서 우는 것일지도 몰라요.

6월 15일

물속에서 살기에 편리한 해달의 꼬리는 어떤 모양일까?

【해달】

1. 얇고 길다.
2. 동그랗고 짧다.
3. 넓적하다.

해달은 보통 바다 위에 둥둥 떠다니며 생활해요.

6월 13일 퀴즈 정답 1

바다사자는 귓불이 튀어나와 있지만 바다표범은 귓구멍만 있어요. 또 바다사자는 앞발로 몸을 지탱하며 걷지만, 바다표범은 배를 땅에 대고 질질 끌며 걸어요.

해달은 조개를 어떻게 먹을까?

해달은 배를 식탁처럼 사용해서
먹이를 먹어요.

1. 머리로 깨서
2. 이빨로 깨물어서
3. 돌로 깨서

6월 14일 퀴즈 정답 1

인도공작은 낮에는 땅 위를 걸어 다니며 먹이를 찾고, 밤이 되면 나뭇가지 위에 올라가 잠을 청해요. 짧은 거리는 날기도 한답니다.

6월 16일

대왕판다는 하루에 똥을 얼마나 쌀까?

대왕판다는 주로 대나무를 먹어서 똥도 대나무 색깔이에요. 죽순을 먹는 초여름에는 노란 죽순 색깔의 똥을 싸지요.

1. 10킬로그램
2. 20킬로그램
3. 30킬로그램

【대왕판다】

6월 15일 퀴즈 정답 3

해달은 넓적한 꼬리를 노처럼 사용해 앞으로 나아가거나 방향을 바꿔요.

홍학이 물가에 한 발로 서 있는 이유는 무엇일까?

1. 아름답게 보이려고
2. 체온을 유지하려고
3. 날아갈 준비를 하려고

홍학은 따뜻한 지역에 무리를 지어 살아요. 홍학의 몸이 분홍색인 이유는 새우처럼 붉은 색소가 있는 먹이를 먹기 때문이랍니다.

6월 15일 퀴즈 정답 3

해달은 배 위에 얹어 둔 돌로 커다란 조개나 게의 껍데기를 깨뜨려 먹어요. 이것이 바로 해달이 단단한 먹이를 먹을 수 있는 비결이랍니다.

6월 18일

수컷 카피바라는 암컷을 유혹할 때 무엇을 이용할까?

카피바라는 부모와 새끼 10마리 정도가 무리를 지어 물풀을 먹으며 생활해요. 온순하고 겁이 많아 적이 위협하면 물속으로 도망친답니다.

1. 긴 앞니
2. 울음소리
3. 코 위의 혹

【카피바라】

6월 16일 퀴즈 정답 2

판다가 먹은 대나무는 대부분 똥으로 나오므로 판다의 똥에서는 대나무 냄새가 나요. 그래서 냄새가 별로 고약하지 않답니다.

해파리의 몸에 있는 것은 다음 중 무엇일까?

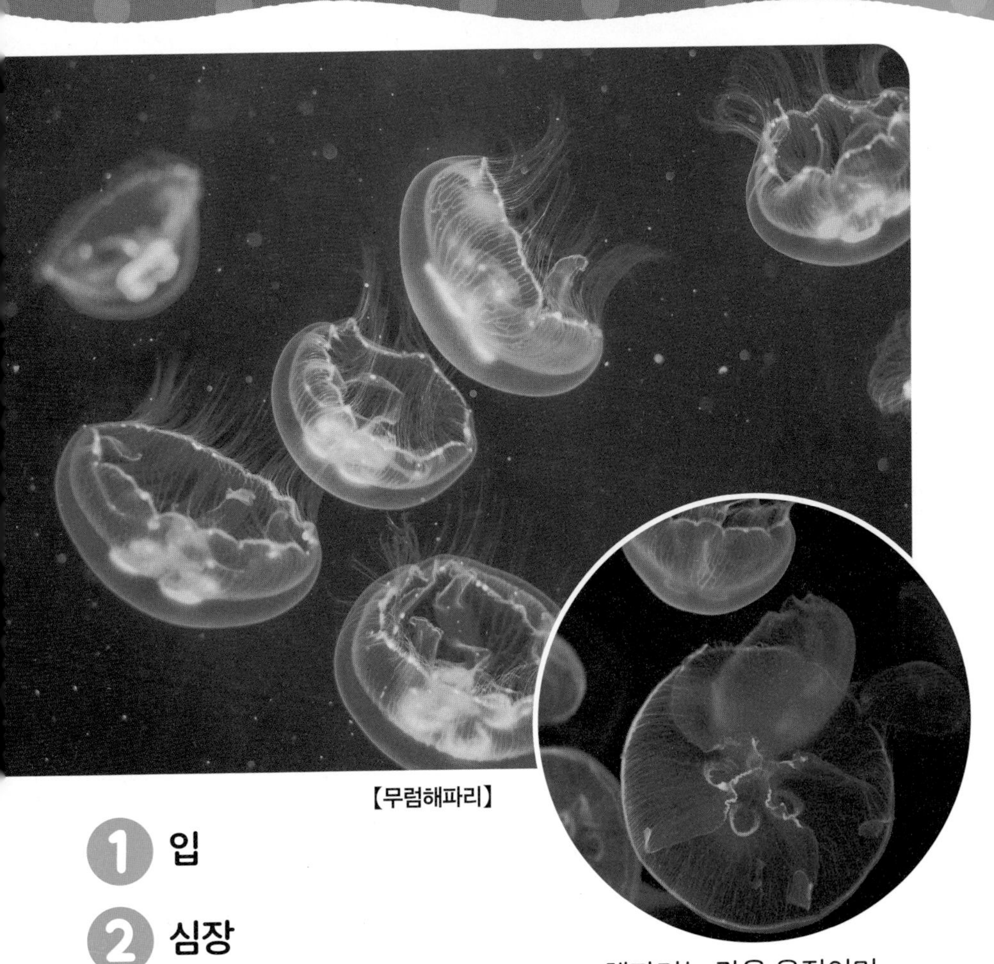

【무럼해파리】

1 입

2 심장

3 근육

해파리는 갓을 움직이며 바다를 둥실둥실 헤엄쳐요.

6월 17일 퀴즈 정답 2

홍학은 한 발로 서서, 땅에 디디지 않은 발을 깃털 속에 넣어 몸이 차가워지는 것을 막아요.

6
월
20
일

반딧불이의 배 끝에서 나오는 빛은 어떤 역할을 할까?

【반딧불이】

1. 적을 위협한다.
2. 먹잇감을 끌어들인다.
3. 수컷과 암컷이 서로를 부르는 신호 역할을 한다.

반딧불이 애벌레는 물가에 사는 종류와 육상에 사는 종류로 나뉘어요. 종류에 따라 빛을 내는 방식이 조금씩 달라요.

6월 18일 퀴즈 정답 3

수컷 카피바라의 코 위에는 혹이 있는데, 혹 안의 끈적끈적한 액체를 풀에 묻혀 그 냄새로 암컷을 유혹해요.

데이노니쿠스의 꼬리는 어떤 역할을 했을까?

데이노니쿠스의 몸길이는 티라노사우루스의 약 3분의 1 정도예요. 머리가 좋고 사나운 사냥꾼으로 알려져 있으며, 뾰족한 꼬리가 특징이에요.

【데이노니쿠스】

1. 적을 때려서 공격한다.
2. 공기의 흐름을 느낀다.
3. 몸의 균형을 잡는다.

6월 19일 퀴즈 정답 1

해파리에게는 심장과 뇌가 없어요. 갓을 부드럽게 움직이며 온몸으로 영양분을 보낸답니다.

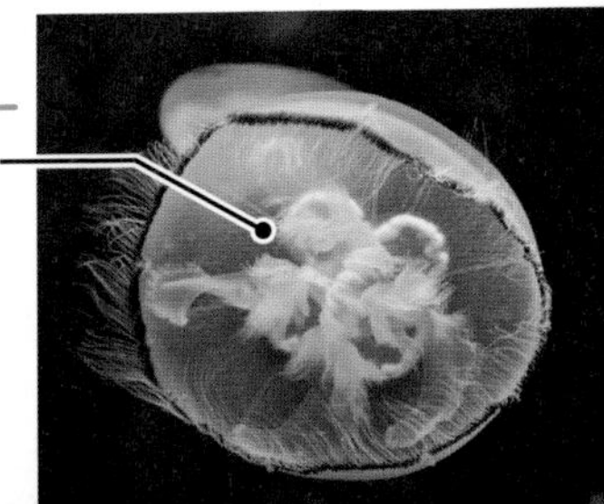

가운데에 있는 것이 입이에요.

알락하늘소는 어떻게 적을 위협할까?

알락하늘소를 손으로 잡으면 도망치기 위해 어떤 행동을 한답니다.

1. 소리를 낸다.
2. 입에서 독을 내뿜는다.
3. 몸의 일부를 떼어 내고 도망간다.

【알락하늘소】

6월 20일 퀴즈 정답 3

반딧불이의 수컷과 암컷은 빛을 내는 방식으로 서로 종류를 확인해요.

누는 1년에 얼마나 긴 거리를 이동할까?

포유류

6월 23일

【누】

① 100킬로미터

② 1,500킬로미터

③ 1만 킬로미터

누는 아프리카 사바나에 사는 소의 한 종류예요. 비가 적게 내리는 계절이 오면, 풀과 물이 있는 곳을 찾아 10만 마리 이상이 거대한 무리를 지어 이동한답니다.

6월 21일 퀴즈 정답 ③

데이노니쿠스는 단단한 꼬리를 빳빳이 세워 균형을 잡으며 재빨리 움직였다고 해요.

가장 빨리 헤엄치는 물고기는 다음 중 무엇일까?

이 중에서 가장 빠른 물고기는 시속 100킬로미터 이상으로 빠르게 헤엄칠 수 있어요.

1 돛새치

2 참다랑어

3 뱀상어

6월 22일 퀴즈 정답 1

알락하늘소는 앞가슴과 가운데가슴을 비비며 '끼익 끼익' 하는 소리를 내서 적을 위협해요.

호랑나비의 기다란 입은 평소에 어떤 모습일까?

1. 속에 넣어 놓는다.
2. 돌돌 말아 놓는다.
3. 대롱대롱 매달아 놓는다.

기다란 빨대 같은 입을 이용해 꿀을 빨아요.

6월 23일 퀴즈 정답 2

누는 신선한 풀을 찾아 이동하는 도중에 때로는 악어가 사는 위험한 강도 건너요. 이동하기 위해서는 온갖 위험을 받아들여야 한답니다.

달팽이는 어디에 알을 낳을까?

【달팽이】

1 바위 위

2 흙 속

3 물속

달팽이는 고둥의 한 종류로, 껍데기 안으로 들어가
적과 건조한 환경으로부터 몸을 지켜요.

6월 24일 퀴즈 정답 1

돛새치의 몸길이는 3미터 이상으로, 시속 100킬로미터가
넘는 빠른 속도로 헤엄친다고 해요. 이렇게 재빠르게 헤엄
쳐 정어리 무리를 쫓아가 잡아먹기도 한답니다.

쿠마도리부채게는 놀라면 어떻게 행동할까?

게의 한 종류로 맹그로브 숲에 살아요. 눈 주위의 무늬가 일본 가부키 배우의 화장법인 '쿠마도리'와 비슷해서 일본에서는 '쿠마도리부채게'로 불려요.

【쿠마도리부채게】

쿠마도리

1. 집게발로 박수를 친다.
2. 만세를 한다.
3. 높이 점프한다.

6월 25일 퀴즈 정답 2

호랑나비는 날아다닐 때면 거슬리지 않도록 입을 돌돌 말아 정리해 두어요.

대왕고래의 몸무게는 어느 정도일까?

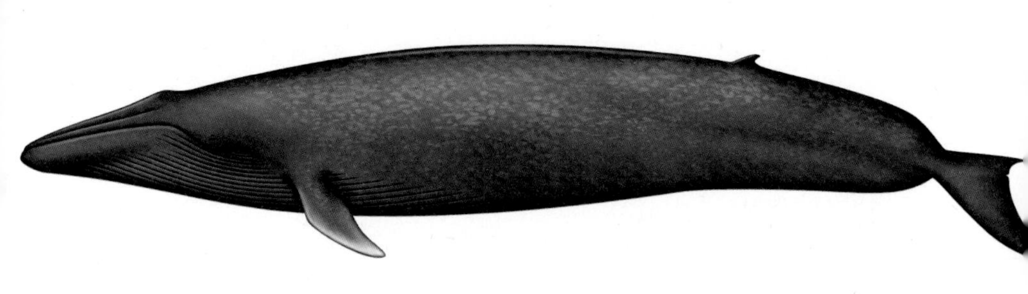

【대왕고래】

여름에는 북극이나 남극 바다에서 먹잇감을 찾고, 겨울이 되면 따뜻한 적도 근방의 바다로 이동해요. 몸집이 아주 크며 몸길이가 30미터 이상인 것도 있어요.

사람이 타는 배가 아주 작아 보여요.

1. 15톤
2. 50톤
3. 150톤

6월 26일 퀴즈 정답 2

달팽이는 흙 안에 구멍을 파서 알을 낳아요. 종류와 기온에 따라 알을 낳는 데 걸리는 시간과 일수는 조금씩 달라요.

반딧불이 애벌레는 어떤 곳에 살까?

【반딧불이 애벌레】

반딧불이는 초여름에 빛을 내며 날아다녀요. 어릴 때는 애벌레의 모습을 하고 있답니다.

1 깨끗한 물속

2 부드러운 흙 속

3 수초 이파리 위

6월 27일 퀴즈 정답 2

쿠마도리부채게는 커다란 집게발을 흔들며 적을 위협해요. 그 모습이 마치 만세를 하는 것처럼 보이지요.

6월 30일

미어캣은 매일 아침 사막의 땅굴에서 나와 무엇을 할까?

【미어캣】

1 일광욕

2 산책

3 운다

미어캣은 아프리카의 사막에 살아요. 사막은 밤이 되면 기온이 뚝 떨어지면서 추워진답니다.

6월 28일 퀴즈 정답 3

몸길이가 30미터나 되는 대왕고래는 지구상에서 가장 큰 동물이에요. 내뿜는 물기둥의 높이도 약 15미터나 된다고 해요.

7월의 퀴즈

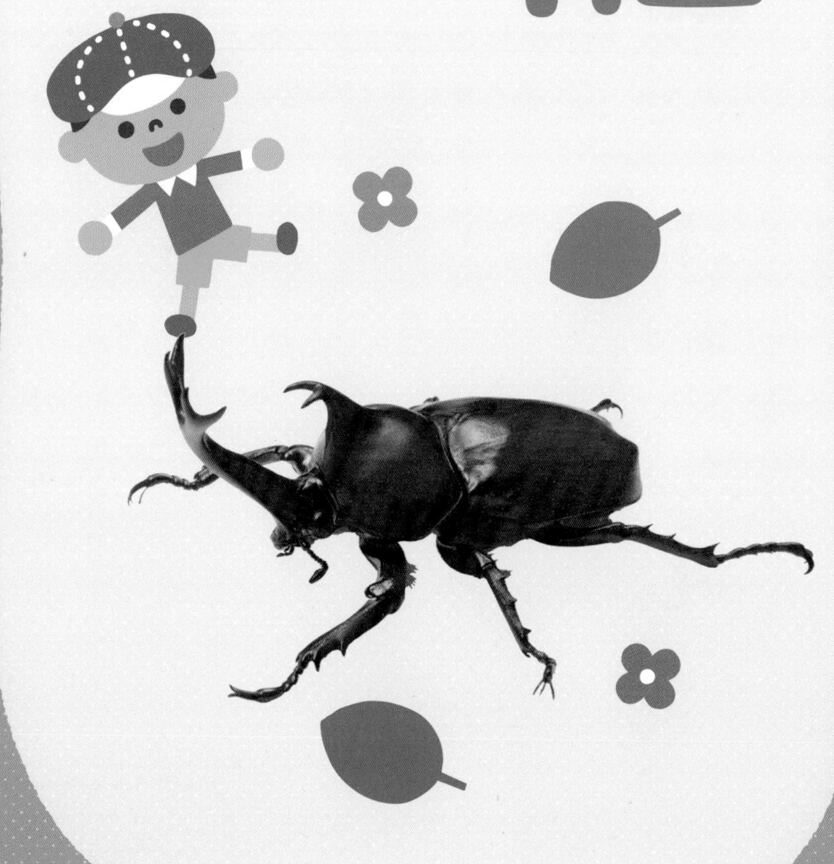

물속에 사는 장구애비의 기다란 대롱은 무슨 역할을 할까?

1. 먹잇감에 찔러서 독을 집어넣는다.
2. 물의 흐름을 알아차린다.
3. 물 밖으로 빼내 숨을 쉰다.

【장구애비】

장구애비는 논이나 늪지 등의 얕은 물에 사는 곤충이에요. 올챙이 따위를 잡아먹으며 산답니다.

6월 29일 퀴즈 정답 1

반딧불이의 애벌레는 알에서 나오면 물속에서 생활하다가, 다 자라면 물 밖으로 나와 흙 속에서 번데기가 된답니다.

장수풍뎅이와 사슴벌레는 무엇을 먹을까?

7월 2일

여름이 되면 여러 곤충들이 나무에 붙어 있는 모습을 볼 수 있어요.

【톱사슴벌레】

1. 작은 벌레
2. 나무에서 나오는 즙(나뭇진)
3. 나무껍질

6월 30일 퀴즈 정답 1

사막의 밤은 추워서 미어캣은 아침마다 일광욕으로 몸을 따뜻하게 해요. 흐린 날이나 비가 오는 날에는 땅굴 밖으로 나오지 않는답니다.

흰동가리는 무엇과 함께 살까?

【흰동가리】

1. 말미잘
2. 산호
3. 불가사리

흰동가리는 눈으로 보며 즐기는 관상용 물고기예요. 몸 색깔이 다양해서 인기가 많아요. 남쪽 나라의 바다에 살지요. 다른 생물과 함께 살며 스스로를 보호한답니다.

7월 1일 퀴즈 정답 3

장구애비는 물구나무를 서서 기다란 대롱을 물 밖으로 꺼내 숨을 쉬어요.

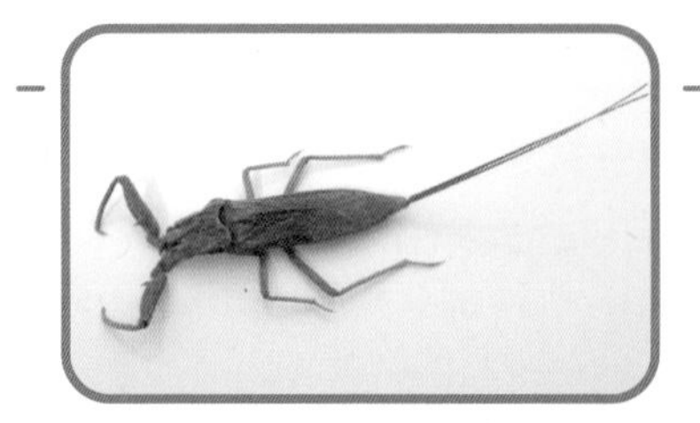

고래가 내뿜는 물기둥의 모양과 크기로 무엇을 알 수 있을까?

포유류

7월 4일

고래는 숨을 쉴 때 머리 위에 있는 콧구멍에서 물을 내뿜어요.

고래는 바다에 살지만 어류가 아니라 포유류예요.

【혹등고래】

고래의 콧구멍은 머리 위에 있어요.

1 고래의 기분

2 고래의 종류

3 고래의 새끼 수

7월 2일 퀴즈 정답 2

장수풍뎅이는 상수리나무나 졸참나무에서 나오는 나뭇진을 가장 좋아해요. 이 즙이 나오는 곳을 차지하기 위해 서로 싸우기도 한답니다.

7월 5일

긴수염고래는 수염을 어디에 사용할까?

【귀신고래의 입】

긴수염고래과 【혹등고래】

① 먹잇감을 먹을 때

② 먹잇감을 유인할 때

③ 적과 싸울 때

긴수염고래과의 고래는 이빨이 없는 대신 위턱 안쪽에 수많은 수염이 달려 있어요. 주로 크릴새우 같은 작은 생물을 먹고 산답니다.

7월 3일 퀴즈 정답 ①

흰동가리는 독을 지닌 말미잘 안에 숨어 몸을 지켜요. 흰동가리에게는 말미잘의 독이 듣지 않아요. 그래서 이렇게 숨을 수 있는 거랍니다.

육식 공룡인 구안룡의 볏은 어떤 역할을 했을까?

구안룡은 몸길이 3미터, 몸높이 85센티미터의 비교적 작은 공룡이에요. 콧구멍 위와 눈 사이에 걸쳐 커다란 볏이 나 있는 것이 특징이지요.

1. 적을 위협한다.
2. 짝짓기 상대를 찾는다.
3. 볏을 맞대고 싸운다.

【구안룡】

7월 4일 퀴즈 정답 2

고래마다 내뿜는 물기둥의 크기와 모양이 달라서 종류를 구분할 수 있어요. 대왕고래가 내뿜는 물기둥은 엄청나게 커서 15미터 높이까지 치솟는답니다.

혹등고래

대왕고래

갯반디는 무엇의 한 종류일까?

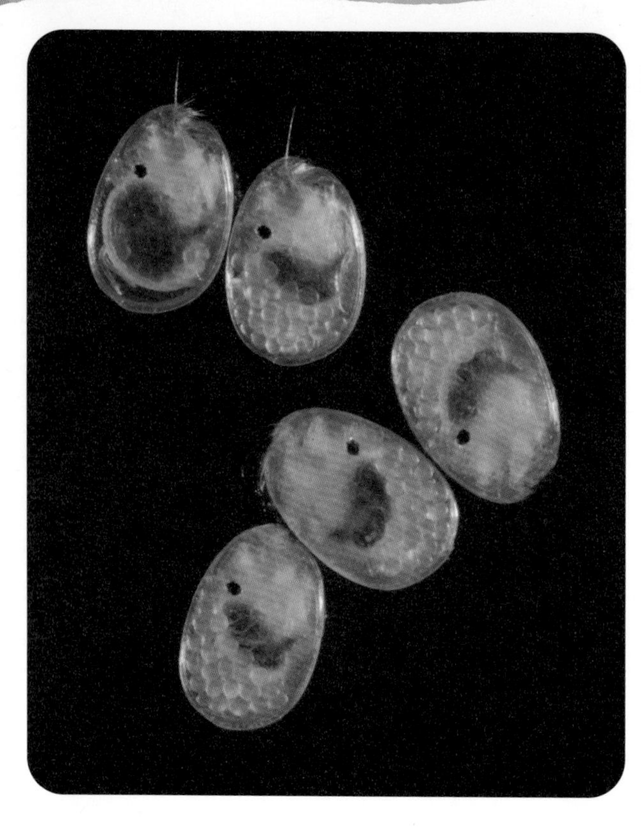

【갯반디】

1 오징어

2 게

3 반딧불이

갯반디는 바다에 사는 약 3밀리미터 크기의 작은 생물이에요. 수컷은 밤이 되면 암컷을 유혹하거나 적을 위협하기 위해 몸에서 빛을 내요.

7월 5일 퀴즈 정답 1

긴수염고래는 입을 크게 벌려 크릴새우를 바닷물과 함께 빨아들인 다음, 수염으로 새우만 걸러내요.

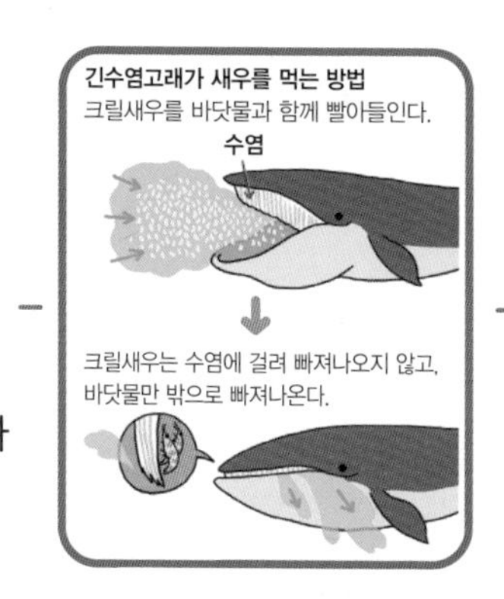

범고래는 해변에 있는 바다사자를 어떻게 사냥할까?

포유류

1. 조용히 다가간다.
2. 큰 소리를 낸다.
3. 해변으로 올라간다.

범고래는 바다의 포식자로 불릴 정도로 강한 육식 동물이에요.

7월 6일 퀴즈 정답 2

수컷 구안룡은 암컷을 유혹할 때 볏을 사용했을 것으로 추측돼요.

7월 9일

바다오리는 어떻게 울까?

【바다오리】

1. 야옹
2. 데데포
3. 오로롱

바닷가에 사는 바다오리는 바위 위에서 무리 지어 새끼를 키워요. 한국에서는 동해안 먼 바다에서 볼 수 있다고 해요.

갯반디는 게의 한 종류로 반투명한 껍데기에 싸여 있어요. 낮에는 집 안에 숨어 지내다가 밤이 되면 헤엄쳐 나와요.

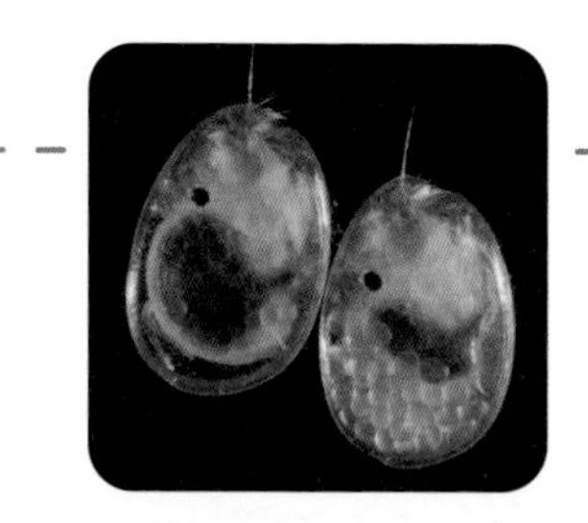

북방족제비의 털색은 여름에 무슨 색일까?

【북방족제비】

① 검은색

② 갈색

③ 하얀색

겨울이 오면 북방족제비의 털은 눈에 잘 띄지 않게 새하얀 색이 된답니다.

7월 8일 퀴즈 정답 3

범고래는 모래사장까지 올라와 사냥해요. 바다로 다시 돌아가지 못할 수 있는데도 목숨을 걸고 사냥하지요.

이 애벌레는 커서 무엇이 될까?

【애벌레】

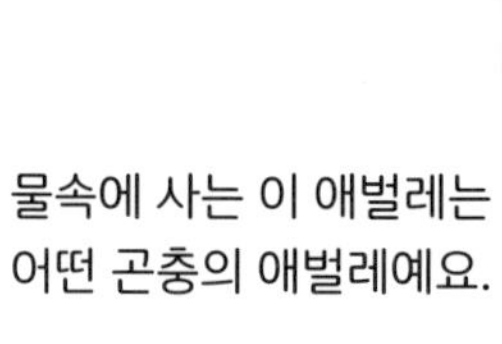
물속에 사는 이 애벌레는
어떤 곤충의 애벌레예요.

① 잠자리

② 반딧불이

③ 사마귀

7월 9일 퀴즈 정답 ③

바다오리는 울음소리 때문에 일본에서는 '오로롱새'로 불리기도 해요. '야옹'은 괭이갈매기, '데데포'는 비둘기과인 호도애의 울음소리예요.

소라게는 왜 조개껍데기를 이고 다닐까?

【소라게】

소라게는 새우, 게와 비슷한 갑각류의 생물로 고둥 등의 껍데기를 이고 다녀요.

1. 몸집을 커 보이게 하려고
2. 발 대신 사용하려고
3. 배를 보호하려고

7월 10일 퀴즈 정답 2

북방족제비의 털은 여름이 되면 갈색으로 변해요. 이렇게 털색이 바뀌는 이유는 먹잇감을 사냥하거나 적을 피할 때 눈에 잘 띄지 않게 하기 위해서랍니다.

코끼리물범은 물속에서 얼마나 오래 숨을 참을 수 있을까?

【코끼리물범】

1. 2시간
2. 1시간
3. 40분

사람은 물속에서 보통 1~2분 정도
숨을 참을 수 있어요.

7월 11일 퀴즈 정답 1

잠자리 애벌레는 여러 번 허물을 벗으며 성장하는데, 나중에는 물밖으로 나와 잠자리가 돼요.

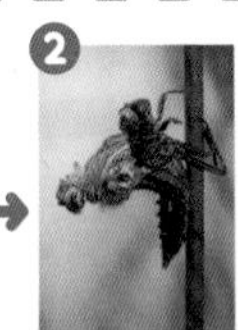

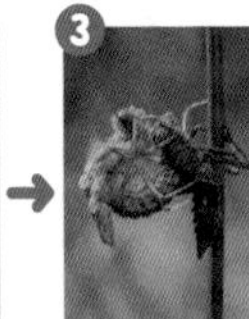

바다이구아나는 바닷속에서 몇 분간 잠수할 수 있을까?

【바다이구아나】

도마뱀의 한 종류인 바다이구아나는 갈라파고스 제도에 살아요. 도마뱀 중에서 유일하게 바다에 산답니다.

1. 4분
2. 20분
3. 90분

7월 12일 퀴즈 정답 3

소라게의 배는 부드럽고 연약해서 조개껍데기처럼 단단한 것으로 보호해야 해요. 소라게가 이고 다니는 껍데기의 종류는 무척 다양하지요.

7월 15일

오르니토미무스의 별명은 무엇일까?

1. 타조 공룡
2. 이구아나 공룡
3. 악어 공룡

오르니토미무스는 새와 비슷하게 생긴 공룡이에요. 시속 80킬로미터가 넘는 속도로 빠르게 달렸다고 해요.

【오르니토미무스】

1

코끼리물범은 물속에서 꽤 오랫동안 숨을 참을 수 있어요. 몸속에 산소를 저장해 두었다가 물 속에서 이용한답니다.

세계에서 가장 큰 곤충의 크기는 어느 정도일까?

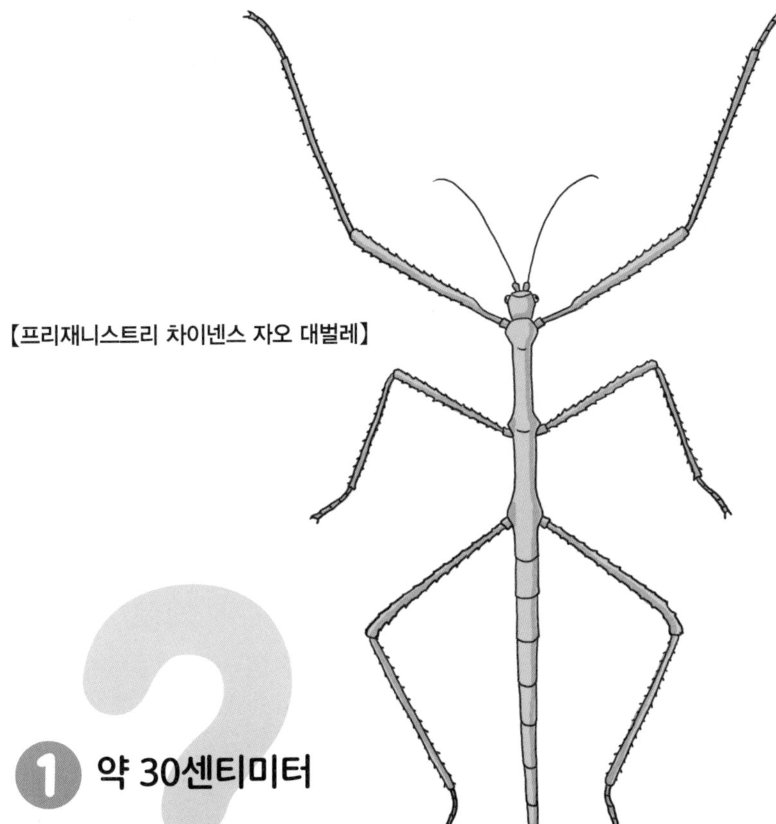

【프리재니스트리 차이넨스 자오 대벌레】

1. 약 30센티미터
2. 약 40센티미터
3. 60센티미터 이상

생김새가 꼭 나뭇가지처럼 생겼어요. 한국의 대벌레는 크기가 7~10센티미터 정도랍니다.

7월 14일 퀴즈 정답 2

바다이구아나는 해초를 먹기 위해 바닷속에 들어갔다가, 몸이 차가워지면 물 밖으로 나와 햇볕을 쬐며 체온을 올려요.

넓적부리황새는 왜 오랫동안 움직이지 않을까?

【넓적부리황새】

아프리카에 사는 넓적부리황새는 펠리컨의 한 종류예요. 대부분의 시간을 움직이지 않고 가만히 있는 것으로 유명해요.

1. 물고기를 잡기 위해
2. 조느라고
3. 적의 눈에 띄지 않으려고

7월 15일 퀴즈 정답 1

오르니토미무스는 타조와 생김새가 비슷해 '타조 공룡'으로 불려요. 커다란 다리에 근육이 발달한 공룡이었지요.

바다거북과 땅거북의 차이는 무엇일까?

【바다거북】

바다에 사는 바다거북과 땅에 사는 땅거북의 생김새는 조금 달라요.

【땅거북】

1. 목을 움츠릴 수 있는지, 없는지
2. 등딱지의 부드러운 정도
3. 등딱지의 색깔

7월 16일 퀴즈 정답 3

몸집이 큰 프리재니스트리 차이넨스 자오 대벌레는 몸길이가 62센티미터나 된답니다. 이 길이는 학교 책상 길이와 비슷해요. 정말 엄청나게 크지요?

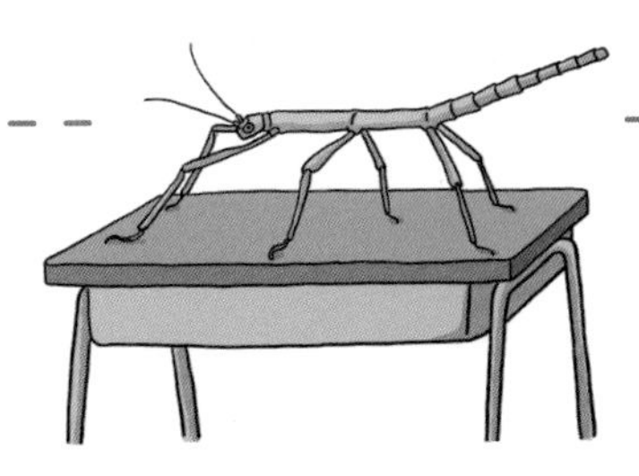

7월 19일

코끼리는 동료들과 대화할 때 무엇을 사용할까?

【코끼리】

① 코

② 입

③ 발

코끼리는 멀리 떨어진 동료와도 소통할 수 있어요. 과연 몸의 어떤 부위를 이용해 소통할까요?

7월 17일 퀴즈 정답 ①

넓적부리황새는 먹잇감인 물고기가 눈치채지 못하도록 물가에 가만히 서 있어요. 그러다가 물고기가 물 위로 뛰어오르면 엄청나게 빠른 속도로 낚아챈답니다.

웜뱃은 적으로부터 어떻게 몸을 보호할까?

7월 20일

포유류

【웜뱃】

1. 재빠르게 도망친다.
2. 죽은 체한다.
3. 엉덩이로 공격한다.

호주 등지에 사는 캥거루나 코알라처럼 암컷의 배에 주머니가 달려 있으며, 땅굴 속에 살아요.

7월 18일 퀴즈 정답 1

땅거북은 위협을 느끼면 목을 움츠려 등딱지 속으로 숨어요. 바다거북은 목을 움츠릴 수는 없지만, 발이 노처럼 생겨서 빠르게 헤엄쳐 도망칠 수 있답니다.

목을 움츠린 땅거북

침팬지는 무엇을 이용해 물을 마실까?

1 돌

2 코코넛

3 나뭇잎

【침팬지】

침팬지는 무척 똑똑하고
손재주가 좋은 동물이에요.

7월 19일 퀴즈 정답 1

코끼리는 인간에게는 들리지 않는 낮은 소리를 내거나, 코를 돌돌 말아 동료에게 자기 기분을 표현해요.

침팬지의 걸음은 '너클 워크'로 불리는데, 어떻게 걷는 것일까?

침팬지의 손은 사람보다 커요. 그리고 발은 엄지발가락만 다른 발가락과 떨어져 옆을 향해 있어요. 침팬지는 발로 물건을 쥘 수도 있답니다.

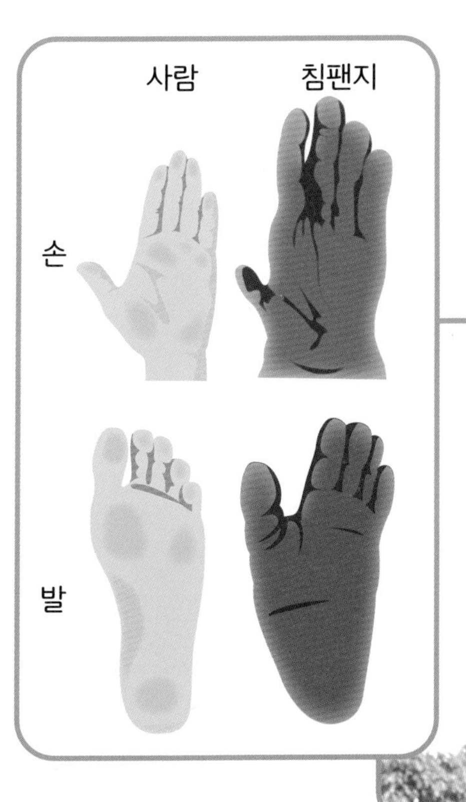

1 손바닥을 이용해 네 발로 걷는다.

2 주먹을 이용해 네 발로 걷는다.

3 앞발을 흔들며 두 발로 서서 걷는다.

【침팬지】

7월 20일 퀴즈 정답 3

땅굴에 들어가는 웜뱃

웜뱃은 엉덩이로 땅굴을 막아요. 그래도 적이 땅굴로 들어와 공격하려고 하면, 엉덩이를 치켜들며 공격한답니다.

반딧불이는 언제부터 빛을 내기 시작할까?

【반딧불이】

1 알에서부터 계속 빛을 낸다.

2 번데기가 되면 빛을 낸다.

3 어른벌레가 되면 빛을 낸다.

7월 21일 퀴즈 정답 3

침팬지는 도구를 이용할 수 있어서 물을 뜰 때 나뭇잎을 그릇처럼 사용한답니다.

왕바구미는 적으로부터 자기 몸을 어떻게 보호할까?

1. 입에서 고약한 액체를 뿜는다.
2. 죽은 체한다.
3. 한번 달라붙으면 절대 떨어지지 않는다.

【왕바구미】

왕바구미의 입은 코끼리의 코처럼 길게 뻗어 있어요. 곤충 가운데 비교적 오래 사는 종으로 2년 정도 산다고 해요. 과연 어떻게 살아남을까요?

7월 22일 퀴즈 정답 2

침팬지는 앞발로 주먹을 쥐고 바닥을 디디며 네 발로 걸어요. '너클'이란 주먹을 뜻해요. 고릴라도 똑같은 방법으로 걷지요.

7월 25일

아프리카코끼리의 똥은 다음 중 무엇일까?

동물의 똥에는 평소에 먹는 음식이 섞여 있어요.

① 나무 열매가 많이 섞여 있다.

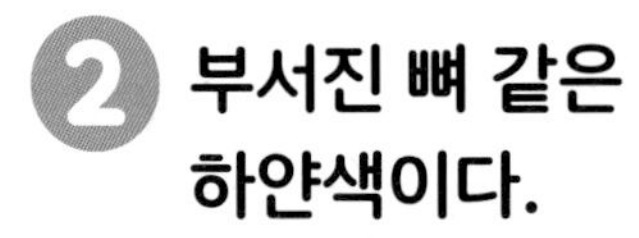

② 부서진 뼈 같은 하얀색이다.

③ 풀이 잔뜩 섞여 있다.

7월 23일 퀴즈 정답 ①

반딧불이는 알일 때부터 빛을 내요. 알은 부화하는 시기가 다가올수록 더욱 강하게 빛을 낸답니다.

구루쿤의 몸은 헤엄칠 때 무슨 색일까?

【구루쿤】

1. 노란색
2. 하얀색
3. 파란색

구루쿤은 일본 오키나와 등지의 따뜻한 바다에 사는 물고기예요. 물 밖으로 나오거나 죽으면 몸이 예쁜 분홍색으로 변하지요. 평소 물속에서 헤엄칠 때는 어떤 색일지 맞혀 보세요.

7월 24일 퀴즈 정답 2

왕바구미는 적에게서 자신을 보호하기 위해 땅에 떨어져 죽은 체하며 움직이지 않아요. 위험한 상황이 지나갈 때까지 계속 그러고 있지요.

7월 27일

펠리컨의 목에 있는 주머니에는 물이 얼마나 들어 있을까?

【펠리컨】

① 1리터

② 10리터

③ 30리터

펠리컨은 동료들과 함께 물고기를 몰아 목에 있는 주머니를 그물처럼 이용해 물고기를 잡아요. 손발이 척척 맞지요.

7월 25일 퀴즈 정답 ③

아프리카코끼리가 주로 먹는 것은 풀이에요. 풀은 소화가 잘 되지 않아서 그대로 똥으로 나오는 경우가 많아요. ①번은 곰, ②번은 하이에나의 똥이에요.

아프리카코끼리는 동료가 죽으면 어떻게 행동할까?

1. 흙을 끼얹는다.
2. 멀리 떨어진다.
3. 가까이에 모인다.

가족끼리 관계가 무척 끈끈한 코끼리는 어른들 사이에 새끼 코끼리를두고 보호해요.

【아프리카코끼리】

7월 26일 퀴즈 정답 3

구루쿤의 몸은 바닷속에서 헤엄칠 때는 파란색이에요. 그래서 파란 바다색과 비슷해 눈에 잘 띄지 않지요.

오우라노사우루스 등뼈의 '돛' 같은 돌기는 무슨 역할을 했을까?

【오우라노사우루스】

1. 적의 공격으로부터 몸을 보호했다.
2. 햇빛을 받아 몸을 따뜻하게 했다.
3. 몸의 열을 밖으로 내보냈다.

오우라노사우루스의 등은 위로 크게 솟아 있었을 것으로 보여요. 도마뱀과 비슷하게 생기고, 몸길이가 7미터 정도인 초식 공룡이에요.

7월 27일 퀴즈 정답 2

펠리컨은 주머니 속의 물을 버린 뒤 물고기를 꿀꺽 삼켜요.

사마귀와 비슷한 게아재비는 어떤 곤충의 한 종류일까?

【게아재비】

게아재비는 강과 늪 등지의 물속에 살아요. 사마귀처럼 육식 곤충이에요.

1 대벌레

2 노린재

3 바퀴

7월 28일 퀴즈 정답 3

코끼리는 동료가 죽으면 그 주변으로 모여요. '무슨 일이 생긴 거지?' 하며 궁금해서 모이는 것일지도 몰라요.

물총새가 가장 좋아하는 먹이는 무엇일까?

【물총새】

1. 물풀과 나무 열매
2. 매미
3. 물고기와 새우

7월 29일 퀴즈 정답 3

오우라노사우루스는 덥고 건조한 아프리카에 살았어요. 따라서 등뼈의 돌기를 밖으로 드러내 열을 내보냈을 것으로 보여요.

8월의 퀴즈

산호는 무엇의 한 종류일까?

【작은용종돌산호】

1 해파리, 말미잘

2 오징어, 문어

3 나무, 풀

산호류는 따뜻한 바다에 살아서 열대 지역 해안에서 흔히 볼 수 있어요.

7월 30일 퀴즈 정답 2

게아재비, 물장군은 노린재의 한 종류예요. 게아재비는 물속에 있는 올챙이 등을 뾰족한 입으로 찔러서 잡아먹어요.

세계에서 가장 큰 쥐는 다음 중 무엇일까?

① 뉴트리아

② 시궁쥐

③ 카피바라

7월 31일 퀴즈 정답 ③

물총새는 한 자리에 멈춰 계속 날거나 물가의 나뭇가지에 앉아, 물고기를 잡아먹기 위해 준비해요.

악어의 한 종류인 가비알은 주로 무엇을 먹을까?

【가비알】

다른 악어와 비교하면 주둥이 모양이 다르지요.

【미시시피악어】

1. 곤충
2. 물고기
3. 포유류

8월 1일 퀴즈 정답 1

산호는 해파리, 말미잘과 함께 자포동물에 속해요. 작살처럼 생긴 촉수를 쏘아서 먹이를 잡아먹어요. 식물 같지만 사실은 동물이라서 알이나 새끼를 낳아 번식해요.

기린은 어떻게 잘까?

【기린】

1. 선 채로
2. 옆으로 누워서
3. 머리를 등에 얹고

목이 긴 기린은 과연 어떤 자세로 잘까?

8월 2일 퀴즈 정답 3

몸길이가 100~130센티미터, 몸무게가 30~65킬로그램 정도인 카피바라는 쥐의 한 종류예요. 남아메리카의 물가에 살며, 300만 년 전에는 아주 거대한 카피바라도 있었다고 해요.

소금쟁이는 무엇을 먹고 살까?

소금쟁이는 달콤한 냄새를 풍겨서 '엿장수'로 불리기도 해요.

【소금쟁이】

1. 꽃꿀
2. 물속의 미생물
3. 물 위로 떨어진 벌레

물 위에 사는 소금쟁이는 무엇을 먹고 살까요?

8월 3일 퀴즈 정답 2

가비알은 얇고 긴 주둥이를 좌우로 재빠르게 움직여 물고기를 다치게 한 뒤 잡아먹어요.

듀공은 바닷속에서 무엇을 먹고 살까?

1 해초

2 모래

3 물고기 똥

포유류인 듀공은 얕고 따뜻한 바다에 살아요. 일본에서는 오키나와의 바다에 산다고 해요.

【듀공】

8월 4일 퀴즈 정답 3

기린은 적이 다가오면 바로 일어날 수 있는 자세로 잠을 자요. 깊이 잠드는 시간은 하루에 20분 남짓이라고 해요.

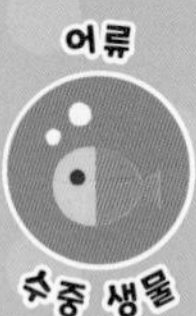

실러캔스는 지구상에 언제부터 살았을까?

【실러캔스】

1. 550만 년 전
2. 6,600만 년 전
3. 3억~4억 년 전

'살아 있는 화석'으로 불리는 실러캔스예요. 낮에는 바다 밑 동굴에서 살고, 밤에 나와서 활동하는 물고기랍니다.

8월 5일 퀴즈 정답 3

물 위에 벌레가 떨어지면 그 진동으로 작은 물결이 생겨요. 소금쟁이는 다리에 있는 털로 이 물결을 느낄 수 있답니다.

듀공을 본뜬 전설의 동물은 무엇일까?

1 인어

2 용

3 갓파

듀공은 돌고래, 바다사자, 인간과 같은 포유류예요. 유럽의 전설 속 어떤 동물은 듀공을 본떴다고 해요.

【듀공】

8월 6일 퀴즈 정답 1

듀공은 주로 바다에서 나는 해초인 거머리말을 먹어요.

수컷 혹등고래는 암컷을 어떻게 유혹할까?

【혹등고래】

1. 노래를 부른다.
2. 거품을 내뿜는다.
3. 냄새를 풍긴다.

혹등고래는 몸길이 15미터, 몸무게 30톤인 고래로, 커다란 가슴지느러미를 가지고 있어요.

8월 7일 퀴즈 정답 3

실러캔스는 지구상에 공룡이 나타나기 훨씬 전인 약 3억 8,000년 전부터 살았어요. 6,600만 년 전 공룡이 멸종된 이후에도 계속 살아남아, 현재까지도 그 모습이 변하지 않아서 '살아 있는 화석'으로 불려요.

늑대는 적에게 항복할 때 어떻게 행동할까?

1. 도망친다.
2. 앉아서 머리를 조아린다.
3. 누워서 배를 보인다.

개과 동물인 늑대는 무리 지어 생활해요.

【늑대】

8월 8일 퀴즈 정답 1

기다란 가슴지느러미를 펼쳤다 접었다 하는 모습이나, 아기에게 젖을 주는 모습이 인간과 비슷해서 인어의 모티브가 되었다고 해요.

하프물범은 다 자라면 몸에 어떤 무늬가 생길까?

【하프물범】

1. V자 무늬
2. 줄무늬
3. 물방울무늬

새끼 하프물범은 온몸이 하얘서 눈 위에 있으면 적의 눈에 잘 띄지 않아 몸을 보호할 수 있어요.

8월 9일 퀴즈 정답 1

혹등고래는 여름이 되면 수컷이 노래를 부르듯 낮은 소리와 높은 소리를 번갈아 내며 암컷을 유혹해요. 무척 낭만적이지요?

불가사리는 어떻게 먹이를 먹을까?

【불가사리】

불가사리는 성게, 해삼의 한 종류로 바다에 사는 육식 생물이에요. 몸 가운데서부터 5개의 팔이 뻗어 나와 마치 별처럼 보여요.

【성게】

1. 입에서 위를 꺼내서
2. 촉수를 뻗어서
3. 이빨로 긁어서

3

늑대는 무리 안에서 싸울 때 상대가 배를 보이며 드러누우면 더는 공격하지 않아요. 항복을 뜻하는 자세거든요.

아프리카코끼리는 하루에 몇 시간 동안 잘까?

【아프리카코끼리】

야생 아프리카코끼리는 하루에 풀과 나무를 130킬로그램이나 먹어요. 하루 중 평균 14시간 동안 식사를 하니, 대부분의 시간을 먹는 데 쓰는 셈이에요.

1. 3시간
2. 7시간
3. 9시간

8월 11일 퀴즈 정답 1

하프물범은 어른이 되면 등에 브이(V) 자 모양의 검은 무늬가 생겨요. 그 모양이 마치 악기인 하프를 닮아서 이런 이름이 붙었답니다.

어미와 새끼 하프물범

토끼는 열심히 뛰고 나서 몸의 열을 어떻게 식힐까?

【산토끼】

사람은 땀을 흘려서 체온을 조절하지만 산토끼는 땀을 흘리지 않아요. 그렇다면 어떻게 체온을 조절할까요?

1. 땀을 흘려서
2. 귀에 바람을 쐬서
3. 콧물을 흘려서

8월 12일 퀴즈 정답 1

불가사리는 몸 가운데에 있는 입에서 위를 꺼내 먹잇감을 감싸 잡아먹어요.

수컷 거위벌레의 기다란 목은 무슨 역할을 할까?

톱수염왕거위벌레는 목이 아주 길어요. 목 중간에 마디가 있어서 위아래로 움직일 수도 있지요. 과연 이 긴 목을 어디에 이용할까요?

【톱수염왕거위벌레】

1. **경쟁자 수컷과 싸운다.**
2. **적을 재빨리 알아챈다.**
3. **흙 속의 먹이를 잡는다.**

8월 13일 퀴즈 정답 1

야생 코끼리는 대부분 낮과 밤 두 차례에 걸쳐 자는데, 서서 잠을 청한답니다.

선 채로 낮잠을 자는 코끼리

고릴라의 손힘은 어느 정도일까?

1. 사람과 비슷하다(50킬로그램).
2. 사람의 2배이다(100킬로그램).
3. 사람의 10배 이상이다(500킬로그램).

【서부고릴라】

팔이 굵고 강해 보여요.

8월 14일 퀴즈 정답 2

산토끼와 집토끼의 귀에는 많은 혈관이 모여 있어요. 그래서 귀에 바람을 쐬면 몸의 열기를 식힐 수 있지요. 토끼의 귀는 이렇게 여러모로 중요한 역할을 한답니다.

8월 17일

공룡의 조상은 어떤 종류의 동물이었을까?

1. 악어 같은 파충류
2. 타조 같은 조류
3. 도롱뇽 같은 양서류

자그마했던 공룡의 조상이 커다랗게 진화했다고 해요.

8월 15일 퀴즈 정답 1

거위벌레 수컷은 목을 크게 흔들수록 강한 수컷으로 인정받는다고 해요.

개가 냄새를 구별하는 능력은 사람보다 몇 배나 뛰어날까?

1. 10~100배
2. 100~1만 배
3. 100만~1억 배

냄새를 구별하는 능력이 매우 뛰어난 개는 다양한 영역에서 활약해요.

【개】

8월 16일 퀴즈 정답 3

고릴라의 앞발은 적의 뼈를 부술 정도로 강력하답니다.

8월 19일

곤충류 거미류

새똥거미는 무엇의 한 종류일까?

【새똥거미】

1 거미

2 새

3 도마뱀

8월 17일 퀴즈 정답 1

공룡의 조상은 악어 같은 파충류로 턱뼈에 이빨이 나 있었다고 해요.

호저의 가시에는 어떤 특징이 있을까?

8월 20일

주로 미국이나 아프리카에 사는 호저류는 적이 공격하려고 하면 가시를 흔들며 큰 소리를 내서 위협해요. 그래도 적이 도망가지 않으면 가시로 찔러 버린답니다.

1. **적에게 날릴 수 있다.**
2. **독이 나온다.**
3. **한번 박히면 빠지지 않는다.**

가시가 매우 날카로워요.
찔리면 무척 아프겠죠?

8월 18일 퀴즈 정답 3

수컷 개는 무려 10킬로미터나 떨어진 곳에 있는 암컷의 냄새를 맡을 수도 있답니다.

공작은 왜 꽁지깃을 펼칠까?

꽁지깃을 펼치지 않을 때는
바닥에 끌고 다녀요.

【인도공작】

1. 수컷이 암컷을 유혹하기 위해
2. 체온을 낮추기 위해
3. 꽁지깃을 말리기 위해

8월 19일 퀴즈 정답 1

새똥거미는 몸이 하얘서 마치 새똥처럼 보여요. 낮에는 몸을 웅크린 채 가만히 있다가, 해가 지면 거미줄을 쳐서 작은 곤충을 잡아먹어요.

아이아이는 벌레를 잡아먹기 위해 어떻게 행동할까?

【아이아이】

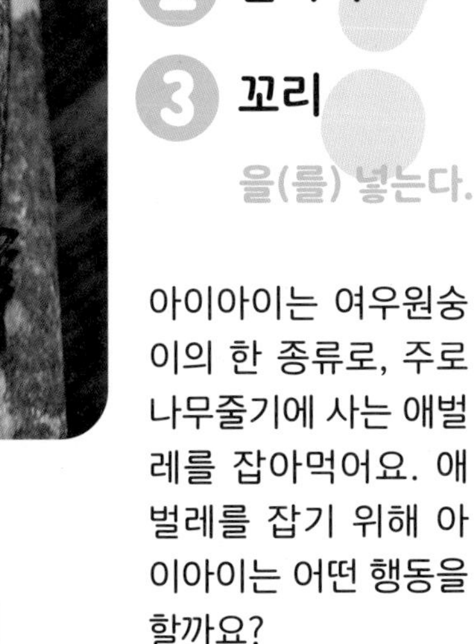

나무 안에

1. 혀
2. 발가락
3. 꼬리

을(를) 넣는다.

아이아이는 여우원숭이의 한 종류로, 주로 나무줄기에 사는 애벌레를 잡아먹어요. 애벌레를 잡기 위해 아이아이는 어떤 행동을 할까요?

【호랑이꼬리여우원숭이】

아이아이와 비슷한 호랑이꼬리여우원숭이예요.

8월 20일 퀴즈 정답 3

호저의 가시는 아주 두껍고 긴데, 그중에는 40센티미터가 넘는 것도 있어요. 게다가 한번 박히면 잘 빠지지 않는답니다.

가시도마뱀의 몸은 왜 가시로 덮여 있을까?

1. 굴을 파기 위해
2. 먹잇감을 사냥하기 위해
3. 몸을 보호하기 위해

가시가 아주 많아요.

사막에 사는 가시도마뱀은 개미를 잡아 먹어요.

【가시도마뱀】

8월 21일 퀴즈 정답 1

수컷 공작의 꽁지깃은 몸길이보다 훨씬 길어요. 이렇게 화려한 꽁지깃은 수컷에게만 있는데, 적에게 들키기는 쉽지만 암컷에게는 든든해 보일지도 몰라요.

낙타 등의 혹에는 무엇이 들어 있을까?

1 물

2 지방

3 공기

건조한 사막에 사는 낙타는 아무것도 먹지 않고 오랫동안 걸을 수 있어요. 사람은 몸 안의 수분이 10%만 없어져도 목숨을 잃지만, 낙타는 40%가 없어져도 죽지 않아요.

8월 22일 퀴즈 정답 2

아이아이는 앞발의 가운뎃발가락이 긴 것이 특징이에요.
나무줄기에 귀를 대고 발가락으로 나무를 통통 튕기면서 나무속에서 벌레가 움직이는 소리를 찾아요. 그다음에 이빨로 구멍을 내고 긴 발가락으로 벌레를 꺼내요.

사막을 걷는 낙타의 발은 어떻게 생겼을까?

【단봉낙타】

1. **발가락이 많다.**
2. **발봉이 넓다.**
3. **발봉이 좁다.**

단봉낙타는 북아프리카 등지에 살아요. 모래가 가득한 사막을 걸어 다니려면 무척 힘들 것 같아요.

8월 23일 퀴즈 정답 3

가시도마뱀은 숨을 장소가 별로 없는 사막에서 가시로 몸을 보호해요. 그래서 몸 색깔도 모래와 비슷하지요. 가시도마뱀이 어디에 있는지 찾았나요?

암컷 모기는 왜 사람을 물까?

1. 자기가 사는 집을 지키려고
2. 사람이 풍기는 냄새가 좋아서
3. 알을 품는 데 필요한 영양분을 얻으려고

모기는 피를 빨 때 인간의 피부에 침을 넣는데, 이것 때문에 간지러운 거랍니다.

【흰줄숲모기】

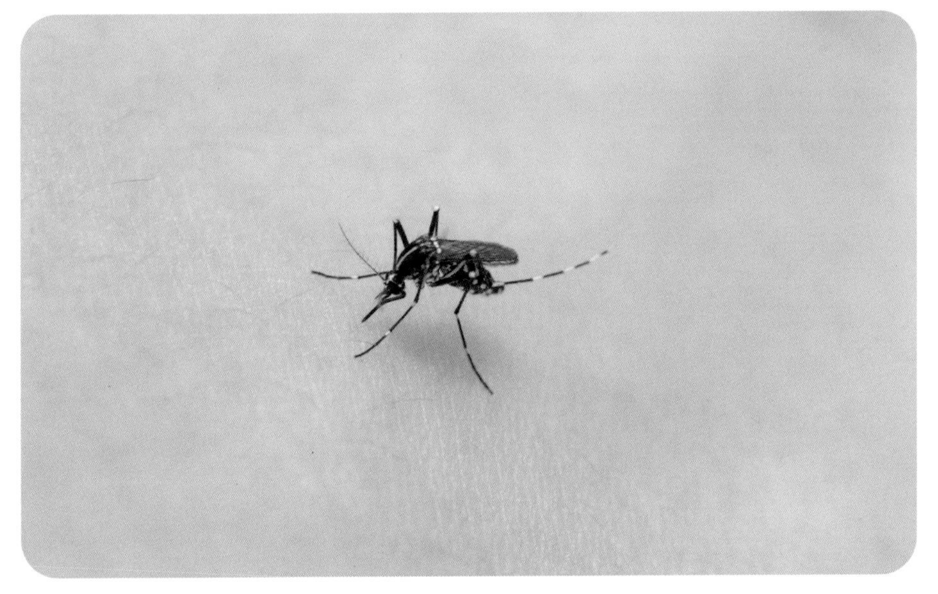

8월 24일 퀴즈 정답 2

낙타 등의 혹 안에는 지방이 들어 있어요. 낙타는 이 지방 덕분에 먹지도, 마시지도 않고 일주일 동안 하루에 40킬로미터씩 걸을 수 있답니다.

일본장수도롱뇽은 무엇의 한 종류일까?

【일본장수도롱뇽】

일본장수도롱뇽은 일본의 서쪽 지역 혹은 규슈의 수온이 낮은 시냇물에 살아요.

① 미꾸라지

② 개구리

③ 장어

낙타는 발볼이 넓어서 사막의 모래에 빠지지 않고 걸을 수 있어요.

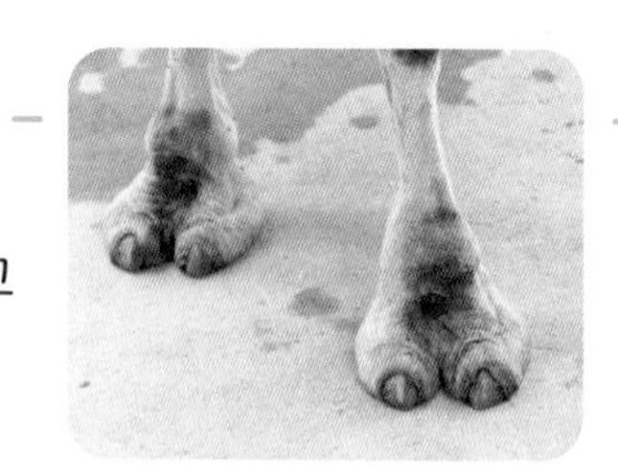

매너티는 어떤 동물과 가장 비슷할까?

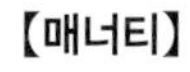
【매너티】

1. 하마
2. 코뿔소
3. 코끼리

매너티는 듀공과 비슷하게 생긴 포유류예요. 두 동물의 차이는 지느러미 모양에서 찾을 수 있지요. 듀공의 지느러미는 초승달 모양인데 매너티의 지느러미는 주걱처럼 생겼어요.

【듀공】

8월 26일 퀴즈 정답 3

알을 품은 암컷 모기만 피를 빨아요. 사람의 피에 들어 있는 성분은 모기 배 속 알의 영양분이 된답니다.

노린재가 가슴에서 고약한 냄새를 풍기는 이유는 무엇일까?

【갈색날개노린재】

1. 몸을 보호하기 위해
2. 먹잇감을 끌어들이기 위해
3. 동료를 부르기 위해

노린재는 종에 따라 풍기는 냄새가 다른데, 풋사과 같은 냄새를 풍기는 것도 있답니다.

8월 27일 퀴즈 정답 2

일본장수도롱뇽은 양서류예요. 새끼 때는 물속에서 아가미로 숨을 쉬고, 다 자라면 폐로 숨을 쉬어요. 개구리와 똑같지요.

고릴라의 불룩 솟은 머리 위쪽에는 무엇이 들어 있을까?

고릴라는 머리 위쪽이 불룩 솟아 있어요.

【서부고릴라】

1 지방

2 뼈와 근육

3 뇌

8월 28일 퀴즈 정답 3

매너티는 고래나 돌고래와 비슷하게 생겼어요. 하지만 풀을 먹고 젖이 가슴에 달렸기 때문에 땅에서 생활하는 코끼리와 비슷한 동물로 분류돼요. 조상 또한 코끼리의 한 종류랍니다.

8월 31일

고릴라가 가슴을 두드리는 소리는 몇 미터 너머까지 들릴까?

1. 20미터
2. 200미터
3. 2,000미터

수컷 고릴라가 가슴을 두드리는 것을 '드러밍'이라고 하는데, 이것으로 자신의 존재를 드러내요. 고릴라는 싸움을 싫어해서 드러밍으로 상대방을 위협하기도 해요. 상대방이 이 소리를 듣고 도망가면 싸움을 피할 수 있거든요.

【서부고릴라】

8월 29일 퀴즈 정답 1

노린재는 공격을 받으면 냄새를 풍겨요. 새 따위의 천적이 다가왔을 때 이 냄새로 놀라게 하면 몸을 지킬 수 있지요.

9월의 퀴즈

바다에 사는 말미잘은 무엇을 먹을까?

【말미잘】

1 해초

2 작은 물고기와 새우

3 불가사리

8월 30일 퀴즈 정답 2

고릴라는 단단한 음식을 잘 먹어서 머리 근육이 발달했어요. 머리 위쪽의 불룩한 곳에는 씹을 때 필요한 뼈와 근육이 있어요.

낙타의 긴 속눈썹은 무슨 역할을 할까?

'사막의 배'로 불리는 낙타는 사막에 사는 사람들의 다리가 되어 주어요.

1. 눈이 커 보이게 한다.
2. 모래가 눈에 들어가는 것을 막는다.
3. 바람을 막는다.

8월 31일 퀴즈 정답 3

고릴라가 가슴을 두드리는 소리는 북 치는 소리처럼 멀리 울려서 2킬로미터 너머까지도 들린다고 해요. 이 소리를 들으면 어떤 동물은 무서워서 도망치기도 한답니다.

풀무치는 어디로 숨을 쉴까?

【풀무치】

1 머리

2 엉덩이

3 배

9월 1일 퀴즈 정답 2

말미잘의 몸 가운데에 있는 구멍은 입이에요. 독이 있는 촉수로 작은 물고기나 새우를 잡아 입에 넣어 꿀꺽 삼킨답니다.

나무 위에 사는 거미원숭이는 편리한 꼬리로 무엇을 할까?

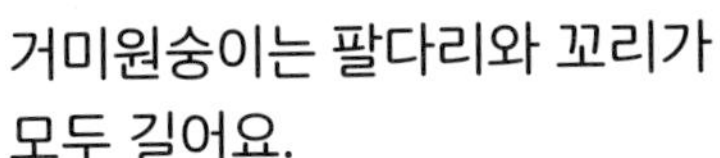

거미원숭이는 팔다리와 꼬리가 모두 길어요.

1 나뭇가지에 둘둘 말아 놓는다.

2 나무 열매를 딴다.

3 적을 쓰러뜨린다.

【거미원숭이】

9월 2일 퀴즈 정답 2

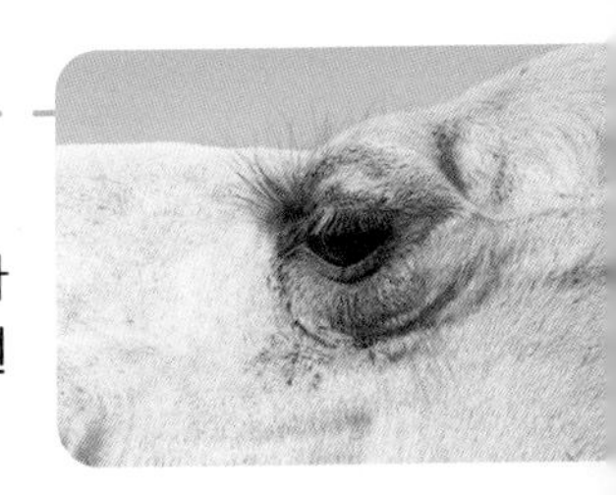

낙타의 긴 속눈썹은 사막의 모래가 눈에 들어가는 것을 막아 주어요. 햇빛으로부터 눈을 보호하는 역할도 하지요. 같은 원리로 귓속의 털도 길답니다.

호주물지님개구리는 사막에 사는데 왜 피부가 마르지 않을까?

1. 다른 동물에게 물을 받아서
2. 몸에 물을 저장할 수 있어서
3. 집에 물을 저장해 두어서

【호주물지님개구리】

9월 3일 퀴즈 정답 3

풀무치는 배에 있는 '기문'이라는 숨구멍으로 숨을 쉬어요.

사랑앵무의 고향은 어디일까?

【사랑앵무】

1 중국

2 호주

3 케냐

9월 4일 퀴즈 정답 1

거미원숭이의 꼬리에는 털이 없는 대신 사람 손의 지문 같은 '비문'이 있어요. 비문은 꼬리를 나뭇가지에 둘둘 말았을 때 미끄러지는 것을 막는 역할을 해요.

오랑우탄이라는 이름에는 어떤 뜻이 있을까?

【오랑우탄】

'오랑우탄'이라는 이름은 말레이시아 말이에요. 오랑우탄은 인도네시아의 수마트라섬과 보르네오섬, 말레이시아에 사는 원숭이의 한 종류예요.

1. 나무의 사람
2. 숲의 사람
3. 흙의 사람

9월 5일 퀴즈 정답 2

호주물지님개구리는 땅속에 살다가 비가 내리면 밖으로 나와 몸속에 물을 저장해 놓아요. 사막에서 살아가기 위한 방법이지요.

세계에서 가장 먼저 발견된 공룡 화석은 무엇일까?

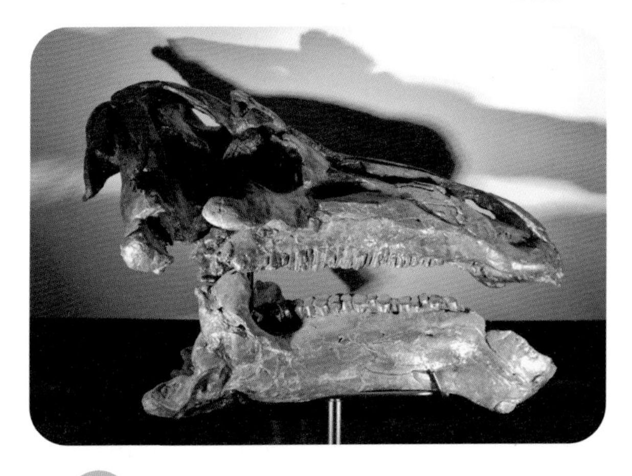

최초의 공룡 화석은 약 200년 전 영국에서 발견되었어요.

① 이구아노돈

② 메갈로사우루스

③ 티라노사우루스

9월 6일 퀴즈 정답 ②

사랑앵무는 원래 호주의 건조한 초원에 무리 지어 살았어요.

9월 9일

곤충류 거미류

무당벌레가 인간에게 이로운 이유는 무엇일까?

【칠성무당벌레】

【무당벌레】

1 무당벌레의 독을 이용해 약을 만들 수 있어서

2 진딧물을 잡아먹어 농약 대신 식물을 보호해 주어서

3 맛있는 채소를 구별해 주어서

9월 7일 퀴즈 정답 2

오랑우탄은 말레이시아어로 '숲의 사람'이라는 뜻이에요. 낮에는 숲속에서 과일 등을 먹으며 지내고, 밤에는 나무 위에 만들어 놓은 집에서 잠을 자지요.

무당벌레는 천적에게 먹히기 직전에 어떻게 행동할까?

1. **적에게 달려들어 놀라게 한다.**
2. **쓰고 고약한 즙을 내뿜는다.**
3. **독침으로 공격한다.**

무당벌레는 적의 공격을 받으면 우선 배를 보이고 누워 죽은 체해요. 그래도 잡아먹힐 것 같을 땐 최후의 수단을 쓴답니다.

9월 8일 퀴즈 정답 1

이구아노돈의 화석이 가장 먼저 발견되었지만, 이보다 먼저 공룡으로 분류된 것은 메갈로사우루스예요.

체온이 가장 높은 동물은 다음 중 무엇일까?

① 개

【골든레트리버】

사람의 체온은 36~37℃ 정도예요. 동물마다 체온이 조금씩 다르답니다.

② 토끼

【산토끼】

③ 닭

【닭】

9월 9일 퀴즈 정답 ②

무당벌레는 식물의 즙을 빨아 먹는 진딧물을 잡아먹어요. 그 덕분에 채소가 진딧물로 인해 피해를 입지 않는답니다.

전기메기는 언제 전기를 만들까?

어류 수중 생물

9월 12일

【전기메기】

아프리카 서부의 강에서 살며 밤에 활동해요. 몸길이는 최대 1.2미터나 된답니다.

1. 대화할 때
2. 먹잇감을 사냥할 때
3. 수컷이 암컷을 유혹할 때

9월 10일 퀴즈 정답 2

무당벌레를 잡아먹은 천적이 즙의 냄새와 맛에 놀라 도로 토해 내기도 해요.

아시아코끼리는 어디에서 생활할까?

아시아코끼리는 남아시아와 동남아시아에 살아요. 아프리카코끼리보다 몸집이 작고 몸길이는 3~5미터 정도예요.

1. 사막
2. 숲속
3. 높은 산 속

【아시아코끼리】

9월 11일 퀴즈 정답 3

닭의 체온은 40~42℃예요. 사람보다 체온이 높아서 안으면 따뜻하지요. 토끼는 38.5~40℃, 개는 38~39℃예요.

꽃게는 적에게 붙잡히면 어떻게 도망칠까?

【푸른꽃게】

꽃게는 등껍질의 길이가 약 15센티미터 정도예요. 가장 아래에 달린 다리가 노처럼 넓적해서 바닷속을 빠르게 헤엄칠 수 있어요.

1. 집게발로 집어 놀라게 한 뒤 도망간다.
2. 거품을 토해 놀라게 한 뒤 도망간다.
3. 다리를 자르고 도망간다.

9월 12일 퀴즈 정답 2

전기메기는 몸에서 강력한 전기를 흘려보내 먹잇감이 움직이지 못하게 해요. 또 적에게서 자신의 몸을 보호할 때도 전기를 사용한답니다.

물벼룩은 어떻게 헤엄칠까?

1. 통통 튀듯이
2. 빙글빙글 돌면서
3. 뚜벅뚜벅 걷듯이

물벼룩은 물속에 사는 작은 플랑크톤이에요. 몸길이는 1.5~2밀리미터 정도로 매우 작지만, 새우와 게의 한 종류랍니다.

【물벼룩】

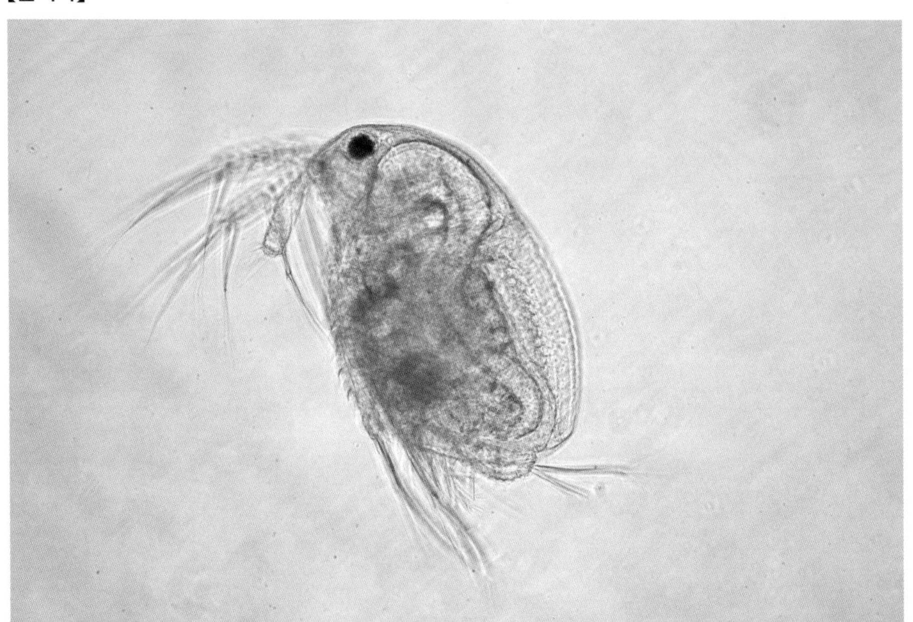

9월 13일 퀴즈 정답 2

아시아코끼리는 숲속에서 15~20마리 정도가 무리를 지어 생활하는데, 식량과 물을 모아서 매일 이동해요.

소금쟁이는 동료와 어떤 방법으로 대화할까?

9월 16일

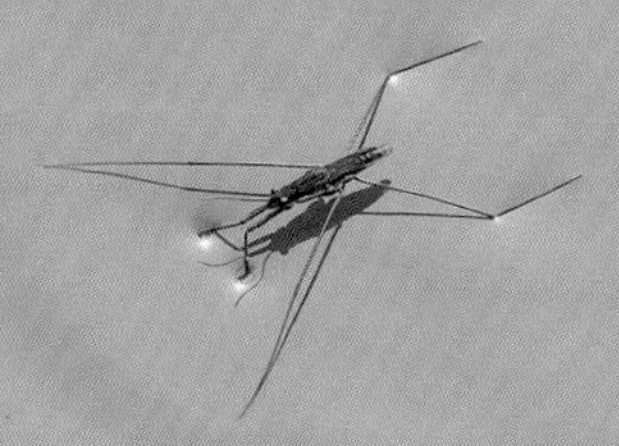

【소금쟁이】

소금쟁이의 몸길이는 11~16밀리미터예요.

1. 날개를 서로 비빈다.
2. 물결을 만들어 진동을 보낸다.
3. 다양한 냄새를 풍긴다.

9월 14일 퀴즈 정답 3

꽃게는 자기 다리를 잘라서 적을 놀라게 해요.
잘린 다리는 허물을 벗을 때 새로 자라난답니다.

큰뿔양은 멋진 뿔을 언제 이용할까?

【큰뿔양 수컷】

수컷 큰뿔양에게는 커다란 뿔이 달려 있어요. 이 뿔이 완전히 다 자라는 데는 8년이라는 시간이 걸려요. 큰 뿔은 길이가 1미터 정도나 된답니다.

【큰뿔양 암컷】

1. 적과 싸울 때
2. 다른 수컷과 힘을 겨룰 때
3. 먹잇감을 사냥할 때

9월 15일 퀴즈 정답 1

물벼룩은 2개의 긴 촉각을 접영하듯 휘저어 통통 튀면서 헤엄쳐요.

나무늘보는 왜 이런 이름이 붙었을까?

【나무늘보】

나무늘보는 비슷한 크기의 다른 동물과 비교하면, 근육 양이 절반 정도밖에 되지 않아요. 식사도 과일이나 나뭇잎을 아주 조금 먹을 뿐이랍니다.

1. 잘 움직이지 않아서
2. 표정이 느긋해서
3. 잘 울지 않아서

9월 16일 퀴즈 정답 2

소금쟁이는 다리를 빠르게 움직여 만든 물결로 상대방을 놀라게 하거나 구애해요.

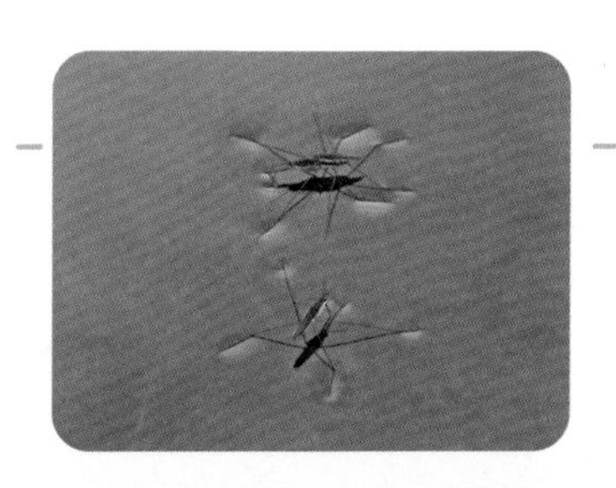

어리여치는 몸의 어느 부위로 소리를 낼까?

1. 뒷발을 굴러서 소리를 낸다.
2. 가슴으로 소리를 낸다.
3. 머리로 소리를 낸다.

어리여치는 귀뚜라미와 여치를 섞어 놓은 것처럼 생겼어요. 입에서 나오는 실로 나뭇잎을 엮어서 집을 만들고, 밤이 되면 밖으로 나와 다른 곤충이나 나무즙 등을 먹어요.

9월 17일 퀴즈 정답 2

수컷 큰뿔양은 암컷을 얻기 위해 경쟁 상대인 다른 수컷과 커다란 뿔을 맞부딪치며 힘겨루기를 해요. 이긴 쪽이 암컷을 차지하지요.

쥐의 심장은 1분에 몇 번 뛸까?

【쥐】

코끼리의 심장은 1분에 20번 뛰어요.

1. 60번
2. 600번
3. 6,000번

9월 18일 퀴즈 정답 1

나무늘보는 하루에 15~20시간이나 잠을 자요. 주로 먹는 먹이인 나무줄기나 과일을 소화하는 데 시간이 걸려, 힘을 최대한 아끼기 위해서랍니다.

9월 21일

공룡

초식 공룡인 마멘키사우루스의 목은 얼마나 길까?

1. 2미터
2. 14미터
3. 25미터

중국에서 처음 화석이 발견된 쥐라기 시대의 공룡 마멘키사우루스는 목이 가장 긴 공룡으로 알려져 있어요.

【마멘키사우루스】

9월 19일 퀴즈 정답 1

수컷 어리여치는 암컷을 유혹하기 위해 뒷발을 굴러 소리를 내요.

흰코뿔소와 검은코뿔소는 무엇이 다를까?

땅에 난 풀을 먹는 흰코뿔소

1. 몸 색깔
2. 눈 크기
3. 입 모양

나뭇잎을 먹는 검은코뿔소

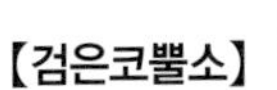

9월 20일 퀴즈 정답 2

작은 쥐의 심장은 1분에 600번 뛰어요. 사람은 어른의 경우 1분에 60~100번 뛰지요.

아홀로틀의 얼굴 주변에 있는 하늘하늘한 것은 무엇일까?

【아홀로틀】

① 볏

② 아가미

③ 지느러미

아홀로틀은 개구리와 같은 양서류예요.
한국에서는 '우파루파'로도 불려요.

9월 21일 퀴즈 정답 ②

마멘키사우루스는 몸의 절반 이상이 목인데
그 길이가 무려 14미터나 되었다고 해요.

개가 볼 수 없는 색은 무슨 색일까?

1. 파란색
2. 노란색
3. 빨간색

인간에게는 보이지만 개에게는 보이지 않는 색은 무엇일까요? 동물마다 보이는 것과 들리는 것이 각각 다르답니다.

【치와와】

흰코뿔소

검은코뿔소

9월 22일 퀴즈 정답 3

흰코뿔소는 넓적한 입으로 땅에 난 풀을 뜯고, 검은코뿔소는 뾰족한 입으로 나뭇잎이나 나무 열매를 먹어요.

9월 25일

고양이는 어둠 속에서도 어떻게 장애물에 부딪히지 않을까?

【고양이】

1. 수염이 예민해서
2. 시력이 좋아서
3. 소리로 판단해서

고양이는 야행성 동물이라 어둠 속에서 먹잇감을 사냥해요. 또 몸이 아주 유연해서 몸 구석구석을 핥을 수도 있어요.

9월 23일 퀴즈 정답 2

양서류는 어른이 되면 물에서 나와 폐로 숨을 쉬는데, 아홀로틀은 평생을 물속에서 아가미로 숨 쉬며 살아요.

고양이는 자기 몸길이의 몇 배 높이까지 뛰어오를 수 있을까?

【고양이】

① 3배

② 4배

③ 5배

뛰어난 사냥꾼인 고양이는 나무를 오를 때나 사냥할 때 엄청난 높이로 뛰어올라요. 참고로 고양이의 몸길이는 30센티미터 정도랍니다.

9월 24일 퀴즈 정답 ③

개는 보라색, 파란색, 노란색은 구분하지만, 빨간색은 잘 보지 못해요. 동물에 따라 보이는 색깔에도 차이가 있답니다.

방울벌레는 어떻게 소리를 낼까?

수컷만 소리를 내는데, 방울벌레의 수컷과 암컷은 몸의 생김새가 달라요.

【방울벌레 수컷】

【방울벌레 암컷】

1. 엄니를 맞부딪친다.
2. 날개를 맞부딪친다.
3. 발로 날개를 튕긴다.

9월 25일 퀴즈 정답 1

고양이의 수염은 아주 예민한 센서 역할을 해요. 조금만 닿아도 장애물을 알아차릴 수 있지요.

방울벌레는 언제 울까?

1. 암컷을 유혹할 때
2. 동료들이 모였을 때
3. 먹이를 찾았을 때

가을이 되면 방울벌레의 울음 소리가 '짤랑짤랑' 울려 퍼져요. 방울벌레는 왜 우는 걸까요?

【방울벌레 수컷】

9월 25일 퀴즈 정답 3

고양이는 뒷다리 근육이 발달해서 자기 몸길이의 5배 높이까지 뛰어오를 수 있어요.

9월 28일

너구리는 왜 같은 장소에서 똥을 쌀까?

【너구리】

1. 자기가 왔다는 것을 널리 알리기 위해
2. 깔끔한 성격이라서
3. 집을 만드는 데 사용하려고

너구리는 사람이 사는 집 근처의 숲에 사는데, 화장실 같은 장소를 만들고 다 같이 그곳에 똥을 쌓아 올려요.

9월 26일 퀴즈 정답 2

방울벌레의 날개에는 톱니 같은 부분과 튀어나온 부분이 있어요. 이것을 서로 맞부딪혀 소리를 낸답니다.

타조의 키는 어느 정도일까?

타조는 현재 지구상에 있는 새 중에서 가장 커요. 그렇다면 타조의 키는 어느 정도일까요?

【아프리카코끼리】

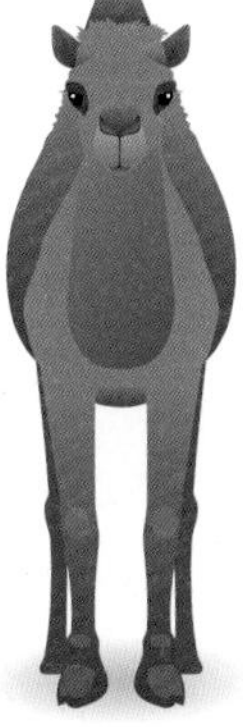
【쌍봉낙타】

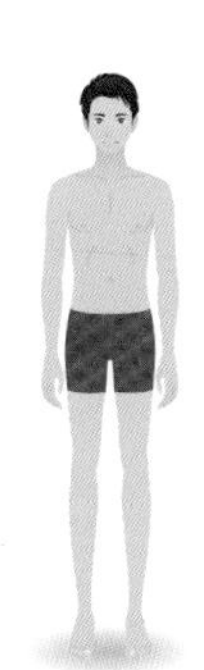
【남자 어른】

1. 170센티미터(남자 어른 정도)
2. 230센티미터(쌍봉낙타 정도)
3. 300센티미터(아프리카코끼리 정도)

【타조】

9월 27일 퀴즈 정답 1

수컷 방울벌레는 '짤랑짤랑' 울리는 맑고 아름다운 울음소리로 암컷을 유혹해요. 이 소리는 다른 수컷에게 자기가 있는 장소를 알리는 역할도 한답니다.

9월 30일

타조 알의 무게는 어느 정도일까?

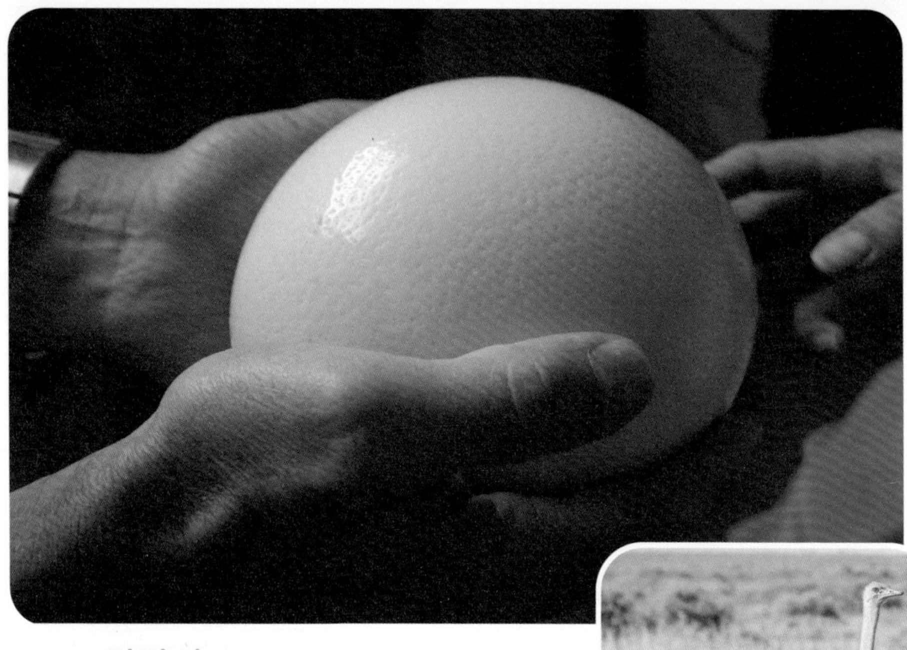

달걀의

1 5배

2 15배

3 30배

예요.

타조 알은 새알 가운데 크기도 가장 커요.

9월 28일 퀴즈 정답 1

너구리는 밤에 주로 활동하는 동물이에요. 개는 오줌으로 자기 영역을 표시하지만, 너구리는 다 같이 일정한 곳에 똥을 싸는 것으로 자기 영역을 표시해요.

10월의 퀴즈

10월 1일

산적딱새는 카피바라의 등에 앉아 무엇을 할까?

【카피바라】

1 식사

2 이동

3 휴식

산적딱새는 카피바라의 등 위에 자주 앉아 있어요.

9월 29일 퀴즈 정답 2

타조의 키는 낙타의 혹 가장 높은 곳에 닿는 정도예요. 몸이 너무 무거워서 날지는 못해요.

투아타라의 머리 위에는 무엇이 있을까?

【투아타라】

1. 제2의 코
2. 제2의 입
3. 제3의 눈

투아타라는 뉴질랜드에 살며, 수명은 100년 이상으로 알려졌어요. 도마뱀과 비슷하게 생겼지만 다른 생물이에요. 약 2억 년 전에 나타난 뒤로 멸종되지 않고 지금껏 살아남았다고 해요.

9월 30일 퀴즈 정답 3

타조 알의 무게는 큰 알의 경우 약 1.9킬로그램으로 달걀의 약 30배나 돼요. 지구상에 사는 생물이 낳은 알 중 가장 크다고 해요.

10월 3일

니게르사우루스는 클립 같은 입으로 무엇을 먹었을까?

【니게르사우루스】

1 해초

2 땅에 나 있는 풀

3 곤충

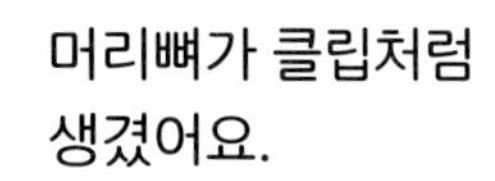

머리뼈가 클립처럼 생겼어요.

10월 1일 퀴즈 정답 1

산적딱새는 카피바라의 등에 있는 진드기를 쪼아 먹어요. 카피바라는 몸이 깨끗해지고, 산적딱새는 배부르게 먹을 수 있으니 둘 모두에게 좋은 일이랍니다.

육식 동물의 눈이 옆이 아닌 앞쪽에 달린 이유는 무엇일까?

육식 동물인 호랑이의 얼굴

육식 동물인 호랑이와
초식 동물인 얼룩말은
눈의 위치가 달라요.

초식 동물인 얼룩말의 얼굴

1. 강해 보이기 위해
2. 거리를 가늠하기 위해
3. 시야를 넓히기 위해

10월 2일 퀴즈 정답 3

투아타라의 머리 위 가운데에는 제3의 눈이 있어요. 이 눈으로
사물을 볼 수는 없고, 빛을 느낄 수 있는 정도라고 해요.

날지 못하는 새 에뮤는 시속 몇 킬로미터로 달릴까?

【에뮤】

1 시속 28킬로미터

2 시속 56킬로미터

3 시속 112킬로미터

에뮤는 호주 등지에 사는 날지 못하는 새로, 다리가 굵고 커다래요.

10월 3일 퀴즈 정답 2

니게르사우루스는 클립 같은 입으로 땅에 나 있는 식물을 한 번에 뜯어 먹었다고 해요.

징거미새우의 긴 앞다리는 어떻게 생겼을까?

1. 날카로운 바늘처럼 생겼다.
2. 집게발처럼 생겼다.
3. 빨대처럼 속이 비어 있다.

연못이나 호수에 사는 징거미새우의 긴 앞다리는 앞에서 두 번째에 달려 있어요.

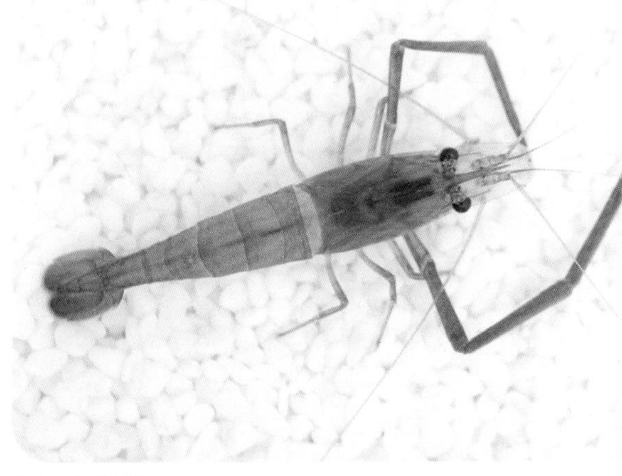
【징거미새우】

징거미새우는 튀김 등의 요리로 이용돼요.

10월 4일 퀴즈 정답 2

호랑이 같은 육식 동물은 눈이 앞쪽에 달려 있어서 먹잇감과의 거리를 정확히 가늠할 수 있어요.

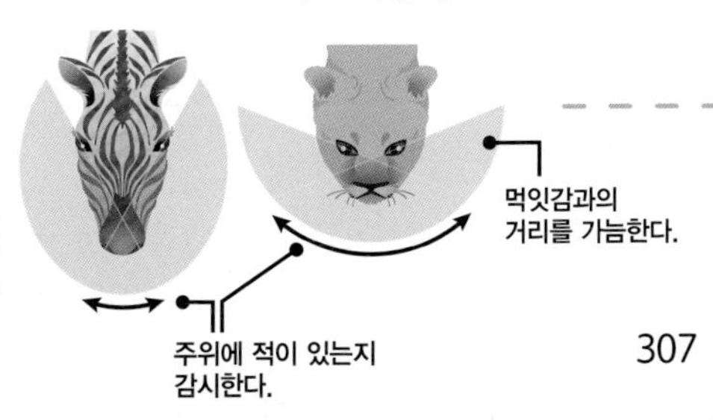

고양이과 육식 동물의 발바닥에 있는 살은 어떤 역할을 할까?

사자의 발바닥

고양이과 동물의 발바닥에는 도톰하게 살이 차올라 있어요. 만지면 부드럽고 탱탱해요.

고양이의 발바닥

1. 부상을 막는다.
2. 발소리를 줄여 준다.
3. 나무에 쉽게 오르게 해 준다.

10월 5일 퀴즈 정답 2

인간의 100미터 달리기 세계 기록은 시속 38킬로미터예요. 에뮤는 사람보다 훨씬 빨리 달릴 수 있어요.

거북이등거미가 가장 좋아하는 먹이는 무엇일까?

【거북이등거미】

거북이등거미는 때때로 집 안에서 나오기도 해요. 다리 길이를 포함하면 몸길이가 12센티미터나 된답니다.

1. 민달팽이
2. 바퀴벌레
3. 개미

다리가 길어요!

10월 6일 퀴즈 정답 2

징거미새우는 일본에서 '손이 긴 새우'로 불리지만, 앞에서 두 번째에 달린 것은 다리가 변해서 생긴 집게발이에요.

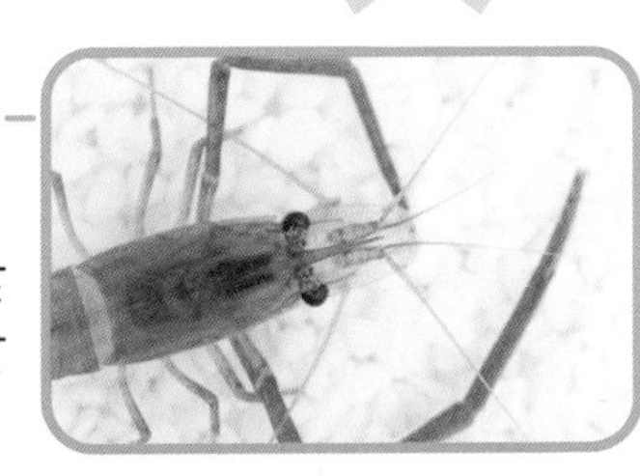

잉꼬는 어떻게 사람의 말을 따라 할까?

【사랑앵무】

1. 사람의 말을 이해할 수 있어서
2. 사람을 동료로 생각해서
3. 사람을 경계해서

사랑앵무와 같이 반려 동물로 키우는 잉꼬는 사람의 말을 따라 하기도 해요.

10월 7일 퀴즈 정답 2

고양이과 육식 동물의 발바닥은 말랑말랑해서 먹잇감을 사냥할 때 조용히 다가갈 수 있어요. 바닥의 충격을 흡수해서 발소리가 나지 않는답니다.

표범은 먹잇감을 잡아서 어디로 가지고 갈까?

1. 나무 위
2. 강변
3. 흙 속

고양이과 육식 동물인 표범은 수영도 잘한답니다.

【표범】

10월 8일 퀴즈 정답 2

거북이등거미는 사람들이 지은 집에 살면서 바퀴벌레 따위를 먹어 치워요. 바퀴벌레를 처치해 주는 것은 고맙지만, 집 안에서 발견하면 깜짝 놀랄 수도 있겠죠?

표범의 몸에 있는 무늬는 무슨 역할을 할까?

【표범】

1. 모습을 감추게 돕는다.
2. 빛을 모은다.
3. 강해 보이게 한다.

표범은 사실 달리기를 잘하지 못해요.

10월 9일 퀴즈 정답 2

잉꼬는 수다쟁이예요. 사람이 평소에 사용하는 말을 듣고 이를 따라 하면서 대화하려고 하지요.

구굴무치 얼굴의 작은 구멍은 무슨 역할을 할까?

1 빛을 느낀다.

2 맛을 느낀다.

3 소리를 느낀다.

망둥어의 한 종류인 구굴무치는 강 하류와 강어귀의 바닷물에 살아요.

【구굴무치】

10월 10일 퀴즈 정답 1

표범은 사냥 후 하이에나와 사자에게 빼앗기지 않기 위해 먹이를 나무 위로 가져가서 먹어요.

아메바는 어떻게 동료를 늘릴까?

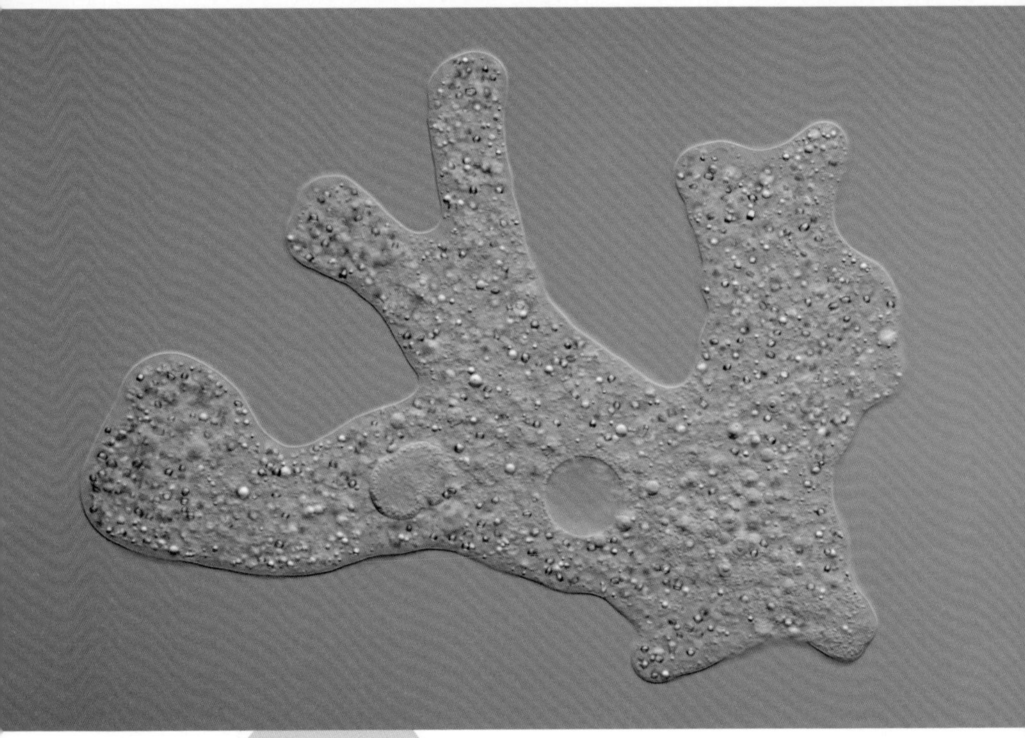

【아메바】

1. 동료와 몸을 합쳐서
2. 알을 낳아서
3. 몸을 나누어서

아메바는 물속에 사는 아주 작은 미생물이에요. 몸의 일부를 늘리면서 이동하고, 시시각각 몸의 형태를 바꿔요.

10월 11일 퀴즈 정답 1

표범의 무늬는 나무줄기에 어우러져서 눈에 잘 띄지 않게 하는 효과가 있어요. 덕분에 표범은 나무 그림자에 조용히 숨어 먹잇감을 사냥한답니다.

나방 애벌레의 몸에는 왜 가시 같은 털이 튀어나와 있을까?

독나방의 애벌레

애흰무늬독나방의 애벌레

나방 애벌레의 몸은 털로 뒤덮여 있어요. 털이 나는 방식은 다양해요.

1. 나뭇잎에 잘 붙어 있기 위해
2. 자신의 몸을 지키기 위해
3. 꽃가루가 몸에 잘 묻게 하기 위해

10월 12일 퀴즈 정답 2

망둥어는 몸 표면의 작은 구멍들로 물속의 소금기를 느껴요. 이 구멍들을 피트 기관이라고 해요.

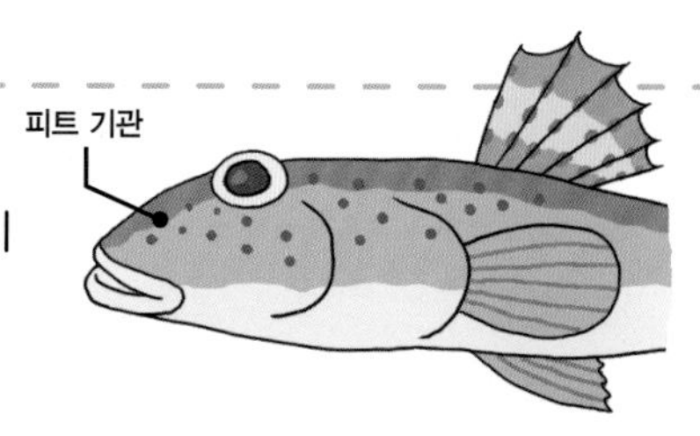

일본원숭이의 엉덩이를 올바르게 설명한 것은 다음 중 무엇일까?

【일본원숭이】

일본원숭이는 일본의 아오모리현 등지에 살아요. 세계에서 가장 북쪽에 사는 원숭이로 알려져 있답니다.

1. 단단한 혹이 있다.
2. 털로 덮여 있다.
3. 아주 부드럽다.

10월 13일 퀴즈 정답 3

아메바는 몸을 나누어서 동료를 늘려요. 조건이 좋다면 하루에 한 번 정도 몸을 나눈답니다.

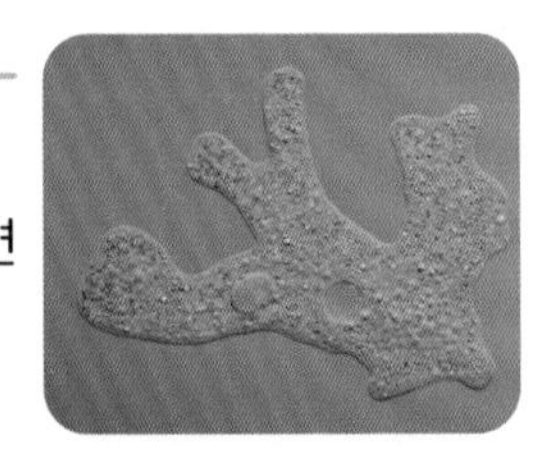

일본원숭이의 얼굴이 더 빨개질 때는 언제일까?

1. 짝 짓는 시기
2. 비가 많이 내릴 때
3. 독립할 시기

일본원숭이는 얼굴과 엉덩이가 빨간 것이 특징이에요.

【일본원숭이】

10월 14일 퀴즈 정답 2

나방 애벌레의 삐죽삐죽한 털은 적으로부터 자신을 보호하기 위한 거예요.

노랑쐐기나방 애벌레

10월 17일

긴호랑거미는 거미줄을 치는 데 시간이 얼마나 걸릴까?

【긴호랑거미】

① 30분

② 1시간

③ 2시간

긴호랑거미의 거미줄이에요. 아름답지만, 먹잇감을 붙잡는 올가미이기도 하지요.

10월 15일 퀴즈 정답 ①

일본원숭이의 엉덩이는 털이 없는 대신 가운데가 하얗고 단단해요. 그래서 딱딱한 바위나 나무 위에 앉아도 엉덩이가 아프지 않답니다.

아르마딜로는 적이 나타나면 자신을 어떻게 보호할까?

【아홉띠아르마딜로】

1. **큰소리를 낸다.**
2. **모래를 뿌린다.**
3. **몸을 둥글게 만다.**

아르마딜로는 굴속에 살면서 하루에 17시간 정도 잠을 자요.

10월 16일 퀴즈 정답 1

일본원숭이는 짝 짓는 시기가 되면 얼굴과 엉덩이가 새빨개져요. 수컷의 새빨간 얼굴은 암컷을 유혹하는 매력 포인트가 되기도 한답니다.

치타의 발톱에는 어떤 특징이 있을까?

【치타】

발톱이

1. **발 속에 감춰지지 않는다.**
2. **작다.**
3. **동그랗다.**

고양이과 동물인 치타는 시속 100킬로미터 이상으로 빠르게 달릴 수 있어요.

10월 17일 퀴즈 정답 2

긴호랑거미는 1시간 동안 폭이 50센티미터 정도 되는 거미줄을 칠 수 있어요.

일본장수도롱뇽의 크기는 얼마나 될까?

1. 30센티미터
2. 60센티미터
3. 150센티미터

일본장수도롱뇽은 일본에만 사는 세계 최대의 양서류예요. 깨끗한 강의 상류에 살아요.

【일본장수도롱뇽】

10월 18일 퀴즈 정답 3

브라질세띠아르마딜로

아르마딜로는 스페인어로 '무장한 조그만 것'이라는 의미예요. 적이 나타나면 자기 몸을 보호하기 위해 단단한 등딱지로 덮인 몸을 동그랗게 말아요.

두더지는 어떻게 먹잇감을 찾을까?

1. 발을 이용한다.
2. 소리를 듣는다.
3. 냄새와 수염의 감각을 이용한다.

【유럽두더지】

두더지는 흙 속에 집을 지어 생활해요.

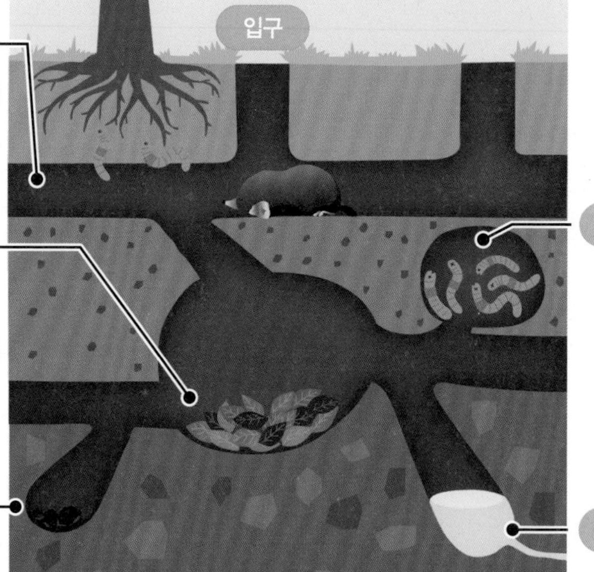

10월 19일 퀴즈 정답 1

고양이과 동물은 발톱이 필요하지 않을 때는 발 속에 감춰 둘 수 있어요. 하지만 치타는 태어난 지 10개월이 지나면 발톱을 감출 수 없게 돼요.

두더지는 지렁이를 얼마나 먹을까?

유럽두더지의 몸무게는 최대 130그램 정도로, 흙 속에 있는 지렁이를 먹고 살아요.

【유럽두더지】

자기 몸무게의

1. 4분의 1 정도
2. 3분의 1 정도
3. 절반 정도

두더지의 털은 물을 튕겨 내서 몸이 흙투성이가 되는 것을 막아요. 삽처럼 생긴 앞발에는 커다란 발톱이 달려 있어요.

10월 20일 퀴즈 정답 3

일본장수도롱뇽의 몸길이는 최대 150센티미터 정도예요. 중학교 1학년 학생의 평균 키와 비슷한 정도랍니다.

10월 23일

곤충류 거미류

잠자리가 배 끝으로 물 위를 두드리는 이유는 무엇일까?

【밀잠자리】

잠자리는 배 끝으로 물 위를 탁탁 치곤 해요.

1. 수분을 보충하기 위해
2. 알을 낳기 위해
3. 먹잇감이 될 벌레를 찾기 위해

10월 21일 퀴즈 정답 3

두더지는 눈이 거의 보이지 않지만, 땅속에서 냄새와 수염의 감각으로 먹잇감을 찾아요.

사슴의 뿔로 무엇을 알 수 있을까?

수컷 사슴의

1. 몸무게
2. 나이
3. 성별

수컷 사슴의 뿔은 매년 봄이 되면 떨어졌다가 초여름부터 새로 나기 시작해 가을이 되면 완전히 다 자라요.

【사슴】

봄에는 뿔이 없어요.

여름이 되면 새로 자라요.

10월 22일 퀴즈 정답 3

두더지는 하루에 지렁이를 자기 몸무게의 약 절반인 60그램 이상 먹는 먹보예요. 두더지가 만든 터널 안에는 먹이인 지렁이를 보관하는 창고도 있답니다.

10월 25일

거북이 등껍질은 무엇이 변화한 것일까?

【남생이】

1 피부와 갈비뼈

2 피부와 어깨뼈

3 근육

10월 23일 퀴즈 정답 2

암컷 잠자리는 물속에 알을 낳아요. 잠자리는 종류에 따라 알을 낳는 방법이 다르답니다.

프레리도그의 집 출입구에는 왜 늘 한 마리 이상 서 있을까?

1. 햇볕을 쬐려고
2. 망을 보려고
3. 집의 위치를 알려 주려고

프레리도그는 땅속에 터널을 뚫어 방이 여러 개인 집을 만들어요. 집을 드나드는 입구는 땅 위에 있답니다.

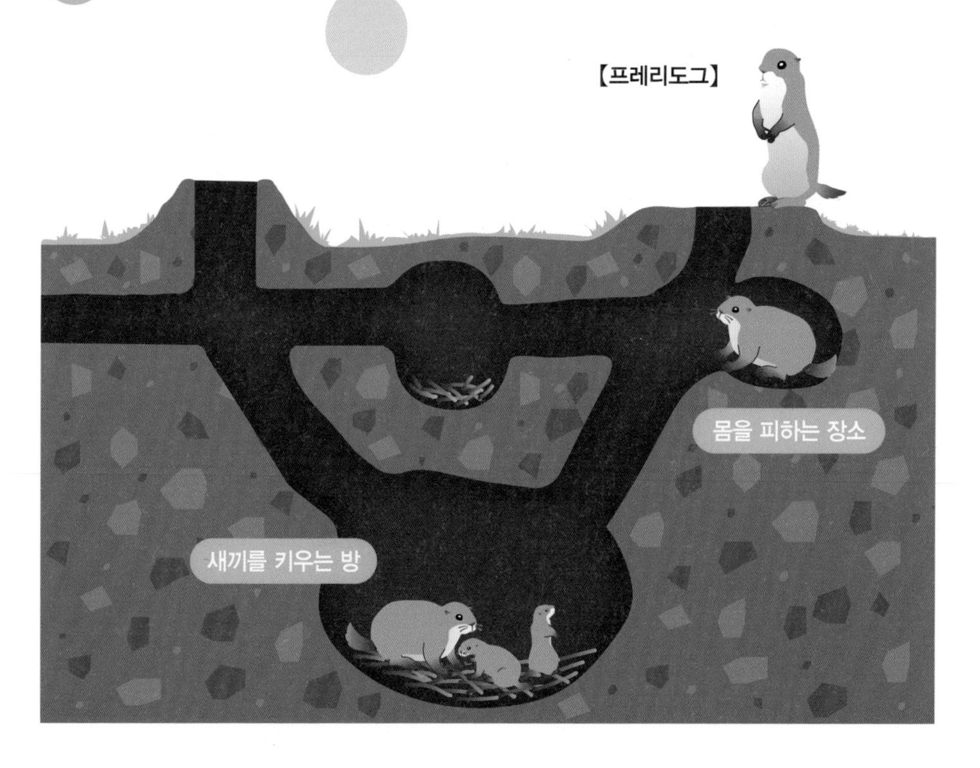

10월 24일 퀴즈 정답 2

어린 사슴의 나이는 뿔의 가지 개수로 파악할 수 있어요. 사슴뿔은 매년 떨어지고 다시 자랄 때마다 가지가 늘어나요.

두 살

세 살

네 살

다섯 살

10월 27일

프레리도그는 동료들과 어떻게 인사를 나눌까?

1. 소리를 낸다.
2. 악수한다.
3. 냄새를 맡는다.

프레리도그는 다람쥐의 일종으로 무리를 지어 살아요.

10월 25일 퀴즈 정답 1

거북이의 등껍질은 피부와 갈비뼈가 변화한 거예요. 거북이의 엑스레이 사진을 보면 갈비뼈가 등딱지를 따라 붙어 있는 것을 알 수 있지요.

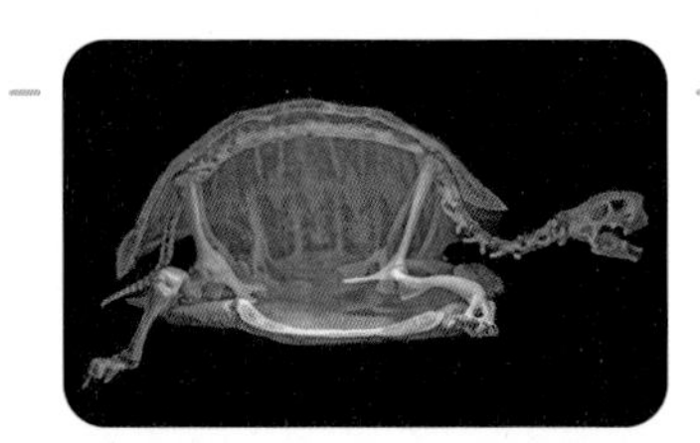

지네는 어떻게 자신의 알을 지킬까?

1. 흙 속에 묻는다.
2. 다리로 껴안는다.
3. 다른 벌레에게 맡긴다.

지네는 다리가 아주 많아요.

【왕지네】

10월 26일 퀴즈 정답 2

어른 프레리도그는 집의 출입구에 서서 망을 봐요. 만일 위험을 느끼면 '꺅' 하고 울어서 가족에게 알린답니다.

10월 29일

철새인 백조는 얼마나 먼 거리를 날아올까?

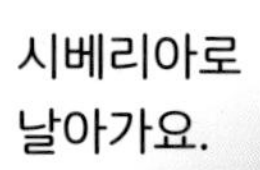

논에 떨어진
씨앗을 먹어요.

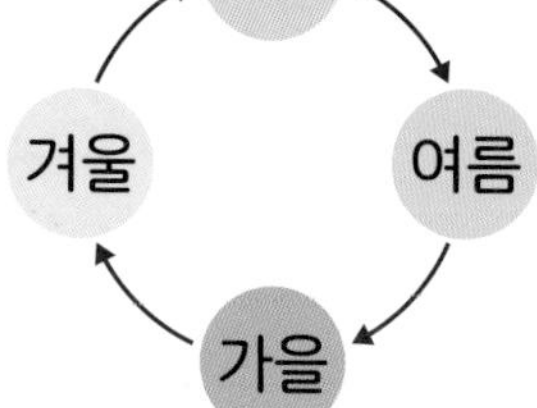

시베리아에서
새끼를 낳아 길러요.

【백조】

한국으로 날아와요.

1. 20~30킬로미터
2. 200~300킬로미터
3. 2,000~3,000킬로미터

백조는 한국보다 추운 러시아의 시베리아라는 곳에서 날아와요. 가을에 먹이가 있는 따뜻한 한국으로 날아와 겨울을 보내고, 봄이 되면 다시 러시아로 돌아간답니다.

10월 27일 퀴즈 정답 3

프레리도그는 서로 냄새를 맡으며 인사해요. 동료 간의 대화를 중요하게 여기는 동물이랍니다.

밤에 활동하는 박쥐는 눈 대신 어떤 방법으로 먹잇감을 찾을까?

1. 소리를 낸다.
2. 수염을 이용한다.
3. 냄새를 풍긴다.

박쥐는 하늘을 날도록 진화한 포유류예요. 앞다리는 커다란 날개가 되었고, 뒷다리는 퇴화했어요.

【집박쥐】

10월 28일 퀴즈 정답 2

암컷 지네는 배에 알을 품어 지켜요. 알을 핥아서 곰팡이가 피는 것을 막고 건조하지 않게 보호해요.

한 나무에서 30년이나 사는 날다람쥐는 언제 이사를 갈까?

【날다람쥐】

1. 새끼가 태어나면
2. 집이 너무 커지면
3. 몸이 너무 커지면

10월 29일 퀴즈 정답 3

백조처럼 먼 거리를 나는 새들은 브이(V) 자 모양을 이루는데, 이렇게 하면 편하게 날아갈 수 있어요.

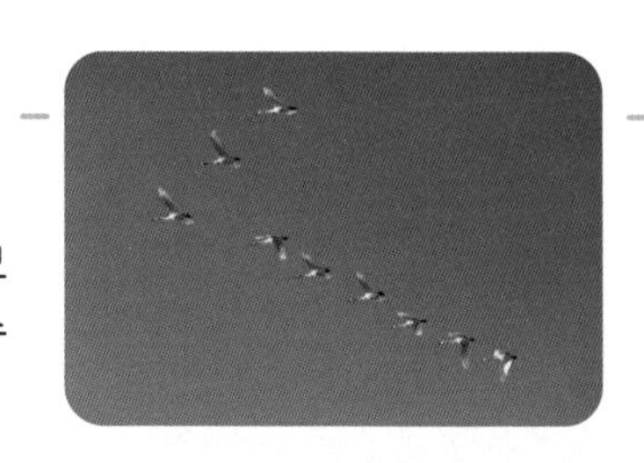

11월의
퀴즈

물땡땡이는 물속에서 어떻게 숨을 쉴까?

1. 숨을 길게 참는다.
2. 몸에 저장한 공기 방울을 이용한다.
3. 물고기처럼 아가미를 이용한다.

물속에 사는 딱정벌레의 한 종류인 물땡땡이는 커다란 뒷다리로 물을 가르며 헤엄쳐요.

10월 30일 퀴즈 정답 1

박쥐는 사람의 귀에는 들리지 않는 초음파라는 높은 음을 내보내요. 이 초음파가 물체에 부딪혀 되돌아오는 것을 이용해 먹잇감을 찾지요.

스테고사우루스의 뇌 무게는 어느 정도였을까?

【스테고사우루스】

몸길이가 약 9미터인 공룡으로, 머리가 아주 작았어요.

1. 달걀 정도
2. 사과 정도
3. 멜론 정도

10월 31일 퀴즈 정답 2

날다람쥐는 나무가 썩어서 집 안의 공간이 커지면 이사를 가요. 날다람쥐가 살다가 떠나간 집은 박쥐의 새 보금자리가 되기도 한답니다.

초식 공룡인 스테고사우루스는 적과 어떻게 싸웠을까?

【스테고사우루스】

스테고사우루스가 살던 시대에는 알로사우루스와 같은 커다란 육식 공룡이 많았어요. 이런 환경에서 스테고사우루스는 과연 자기 몸을 어떻게 보호했을까요?

1. 단단한 머리를 이용한 박치기
2. 뒷다리를 이용한 발차기
3. 꼬리를 이용한 채찍질

11월 1일 퀴즈 정답 2

물땡땡이는 날개와 배 사이에 모아 둔 공기 방울에서 산소를 꺼내 숨을 쉬어요.

얼룩다람쥐의 볼에는 도토리가 몇 개나 들어갈까?

얼룩다람쥐는 볼 안의 주머니에 나무 열매를 담아 안전한 장소로 옮긴 후 꺼내 먹어요.

【얼룩다람쥐】

1. 2개
2. 4개
3. 6개

얼룩다람쥐가 가장 좋아하는 도토리

11월 2일 퀴즈 정답 1

스테고사우루스의 뇌 무게는 47그램 정도밖에 되지 않아요. 사람에 비하면 매우 작지만, 지금의 파충류와 비교해 보면 오히려 큰 편에 속한답니다.

11월 5일

어류 · 수중 생물

입안이 까만 눈볼대를 달리 뭐라고 부를까?

1. 눈볼개
2. 검은 고기
3. 눈퉁이

눈볼대는 바위가 많은 곳에 사는 민물 농어의 한 종류예요. 입안이 까만 것이 특징이며, 식용으로 널리 이용돼요.

【눈볼대】

11월 3일 퀴즈 정답 3

스테고사우루스는 가시가 돋친 꼬리를 휘둘러 적을 공격했어요.

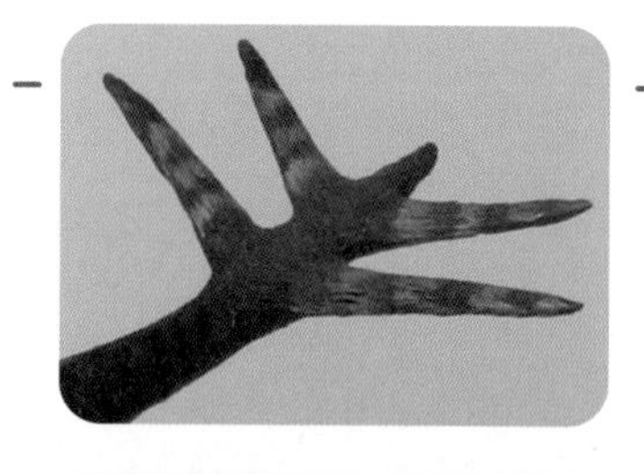

사막에 사는 방울뱀은 상대방을 어떻게 위협할까?

【방울뱀】

방울뱀은 아메리카 대륙에 널리 퍼져 사는 독사예요.

1. 꼬리로 소리를 낸다.
2. 몸을 꼿꼿이 세운다.
3. 꼬리를 땅에 내리친다.

11월 4일 퀴즈 정답 3

얼룩다람쥐의 볼은 아주 잘 늘어나서 보통 크기의 도토리는 6개, 해바라기씨는 20개나 넣을 수 있어요.

11월 7일

레서판다의 '레서'는 무슨 의미일까?

【레서판다】

1 큰

2 중간의

3 작은

판다는 네팔어로 '대나무를 먹는 것'이라는 의미예요. 레서판다는 미얀마 북부와 중국 남부, 네팔 북부, 인도 북동부에 살아요.

11월 5일 퀴즈 정답 3

눈볼대를 겉에서 보면 아가미 근처에 검은 반점이 있는 것을 알 수 있어요. 아가미를 펼치면 검은 반점이 더 잘 보이지요.

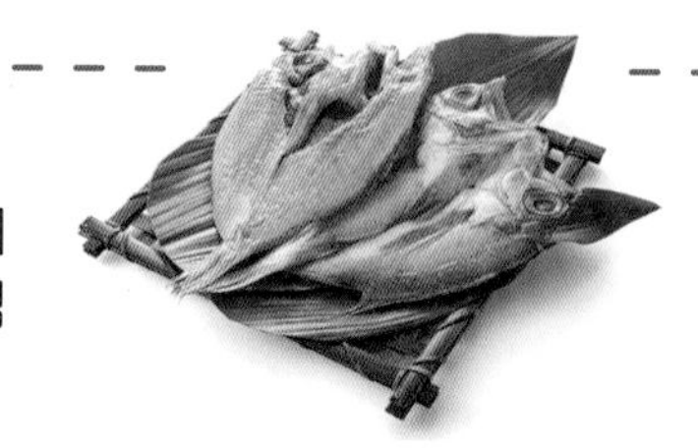

레서판다가 뒷발로 서는 이유는 무엇일까?

【레서판다】

레서판다가 뒷발로 선 모습을 좋아하는 사람이 많아요.

1. 적을 위협하기 위해
2. 인사하기 위해
3. 자기 영역을 지키기 위해

11월 6일 퀴즈 정답 1

방울뱀은 적을 위협할 때 꼬리를 흔들어서 '찌르르' 하고 큰 소리를 내요. 방울뱀은 맹독을 지니고 있어서 물리면 매우 위험하답니다.

귀뚜라미의 귀는 어디에 달려 있을까?

1 앞다리

2 배

3 머리 위

귀뚜라미는 소리를 내서 동료와 소통하는데, 귀가 특이한 곳에 있어요.

【왕귀뚜라미】

11월 7일 퀴즈 정답 3

본래 판다는 레서판다를 가리키는 말이었는데, 레서판다와 똑같이 대나무를 먹는 대왕판다가 발견되면서 '작은'이라는 의미의 '레서'가 이름 앞에 붙었답니다.

참새의 둥지는 어디에 있을까?

【참새】

1. 숲속
2. 풀숲
3. 사람이 사는 집 근처

11월 7일 퀴즈 정답 1

레서판다는 자기 몸집이 커 보이도록 뒷발로 서서 적을 위협해요.

고슴도치의 가시는 무엇이 변한 것일까?

평소 모습

고슴도치는 적에게 공격을 받으면 몸을 동그랗게 말고 가시를 세워서 방어해요. 이 가시는 무엇이 변해 만들어진 것일까요?

몸을 동그랗게 만 모습

1. 뼈
2. 털
3. 피부

11월 8일 퀴즈 정답 1

귀뚜라미는 소리가 들려오는 쪽으로 몸을 돌려 양쪽 앞다리에 있는 귀로 소리를 듣고, 소리가 나는 방향을 정확히 알아차려요.

가든일은 모래에 몸을 파묻고 하늘거리며 무엇을 할까?

【가든일】

【붕장어】

1 먹이를 기다린다.

2 똥을 싼다.

3 영역 다툼을 한다.

가든일은 따뜻한 바다에 사는 붕장어의 한 종류로, 물이 흐르는 방향에 따라 몸을 기울여요.

11월 9일 퀴즈 정답 3

참새는 사람들의 집 근처에 살아요. 사람이 지은 건물에 둥지를 틀고, 사람이 떠나가면 다른 장소를 찾아 이동해요.

연어에게는 특이한 지느러미가 있는데, 어디에 달려 있을까?

【대서양연어】

1. 코 위
2. 눈 아래
3. 등지느러미 뒤

연어과에 속한 물고기에게는 이 지느러미가 있어요. 연어의 지느러미는 가시가 없어서 매우 부드러워요.

11월 10일 퀴즈 정답 2

고슴도치의 가시는 등에 난 털이 변한 거예요. 새끼 고슴도치의 가시는 부드럽답니다.

수컷 캥거루는 어떻게 싸움을 시작할까?

포유류

1. 서로 근육을 보여 준다.
2. 주먹을 날린다.
3. 발차기를 한다.

수컷 캥거루는 암컷을 차지하기 위해 서로 싸워요. 몸에 근육이 많을수록 싸움에서 이길 확률이 높답니다.

【캥거루】

11월 11일 퀴즈 정답 1

가든일은 물의 흐름에 따라 떠다니는 작은 플랑크톤을 먹고 살아요. 모래 위로 얼굴을 내밀고 몸을 하늘거리며 플랑크톤이 오기를 기다리지요.

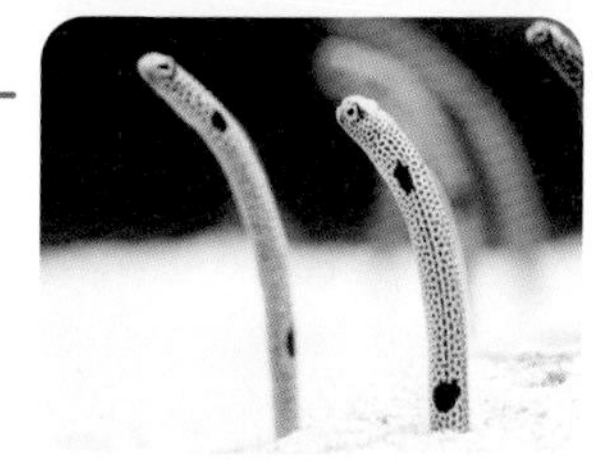

벌거숭이두더지쥐 '여왕'의 침실에 있는 '하인'은 어떤 역할을 할까?

1. 이불 담당
2. 자장가 담당
3. 망보기 담당

벌거숭이두더지쥐는 80마리 이상이 큰 무리를 이루고 땅속에서 함께 살아요. 이 무리에는 한 마리의 암컷을 포함해 여러 마리의 수컷과 일꾼 쥐가 속해 있지요. 일꾼 쥐들이 하는 일은 여러 가지인데, 각자 역할을 나누어 맡아요.

【벌거숭이두더지쥐】

11월 12일 퀴즈 정답 3

연어의 특이한 지느러미는 등지느러미의 뒤에 있으며, '기름지느러미'로 불려요. 크기는 작지만 안정적으로 헤엄치기 위해 필요해요.

흰개미가 볼펜 자국이 난 곳에 모여드는 이유는 무엇일까?

11월 15일

【흰개미】

썩은 나무에 사는 흰개미는 나무로 지은 집에 침입해 기둥을 갉아 망가뜨리기도 해요.

1. 먹을 것으로 착각해서
2. 볼펜 잉크 냄새가 동료가 내는 냄새와 비슷해서
3. 볼펜 잉크 냄새를 적의 냄새로 착각해 공격하기 위해

11월 13일 퀴즈 정답 ①

캥거루의 싸움에는 순서가 있어요. 우선 서로 근육을 보여주며 시작하는데, 이후 점점 격렬한 싸움으로 번진답니다.

망토개코원숭이는 어디에 살까?

1. 험준한 바위
2. 밭 근처
3. 물가

망토개코원숭이는 북아프리카, 아라비아반도에 사는 원숭이의 한 종류예요. 낮에는 적게 무리 지어 움직이고, 밤에는 적의 습격을 막기 위해 100마리 이상이 무리 지어 함께 잠을 자요.

【망토개코원숭이】

11월 14일 퀴즈 정답 1

벌거숭이두더지쥐의 일꾼 쥐 중에는 여왕과 새끼 주변에 드러누워 이불 역할을 하는 쥐가 있어요.

일본장수도롱뇽은 얼마나 오래 살까?

【일본장수도롱뇽】

① 10년

② 30년

③ 60년

세계에서 가장 큰 양서류 가운데 하나인 일본장수도롱뇽은 몸집이 클 뿐 아니라 오래 사는 것으로도 유명해요.

11월 15일 퀴즈 정답 ②

볼펜의 잉크는 흰개미가 풍기는 냄새와 비슷해서 볼펜으로 선을 그으면 동료로 착각하고 선을 따라가요.

그리마는 적에게 공격당하면 어떻게 행동할까?

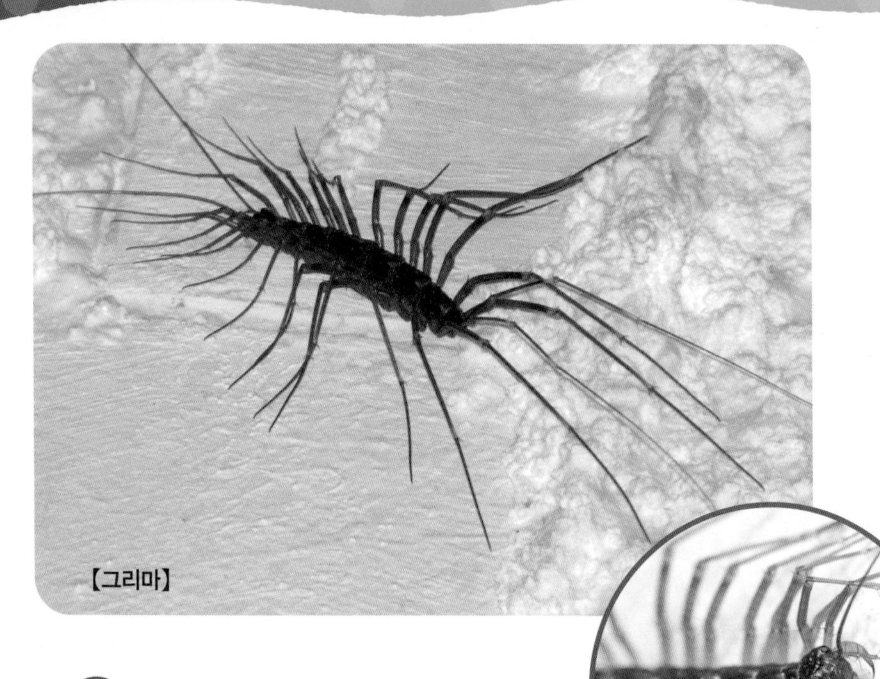

【그리마】

1. 다리를 적에게 꽂아 공격한다.
2. 스스로 다리를 잘라 적의 시선을 끈다.
3. 다리로 높이 뛰어올라 도망간다.

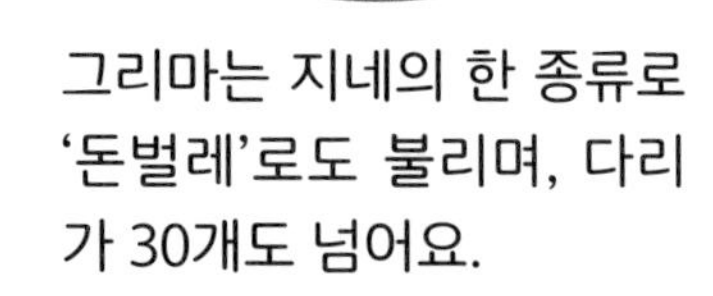

그리마는 지네의 한 종류로 '돈벌레'로도 불리며, 다리가 30개도 넘어요.

11월 16일 퀴즈 정답 1

망토개코원숭이는 건조한 산악 지대의 바위에 살아요. 고대 이집트에서는 망토개코원숭이를 신성한 신의 하인으로 떠받들기도 했답니다.

호랑이꼬리여우원숭이는 자기 영역을 어떻게 표시할까?

【호랑이꼬리여우원숭이】

1 꼬리에 냄새를 묻힌다.

2 나무에 냄새를 묻힌다.

3 흙에 냄새를 묻힌다.

호랑이꼬리여우원숭이는 여우원숭이의 한 종류로, 마다가스카르 섬에서 무리 지어 생활해요.

11월 17일 퀴즈 정답 3

일본장수도롱뇽은 60년 이상 산다고 해요. 같은 양서류인 개구리는 약 10년, 도롱뇽은 약 20년을 사는 것에 비하면 이름처럼 장수하는 동물이지요.

연두벌레는 어떻게 헤엄칠까?

1. 물을 토하면서
2. 다리를 뻗으면서
3. 털을 움직이면서

연두벌레는 해초의 한 종류이지만, 스스로 움직일 수 있어요.

【연두벌레】

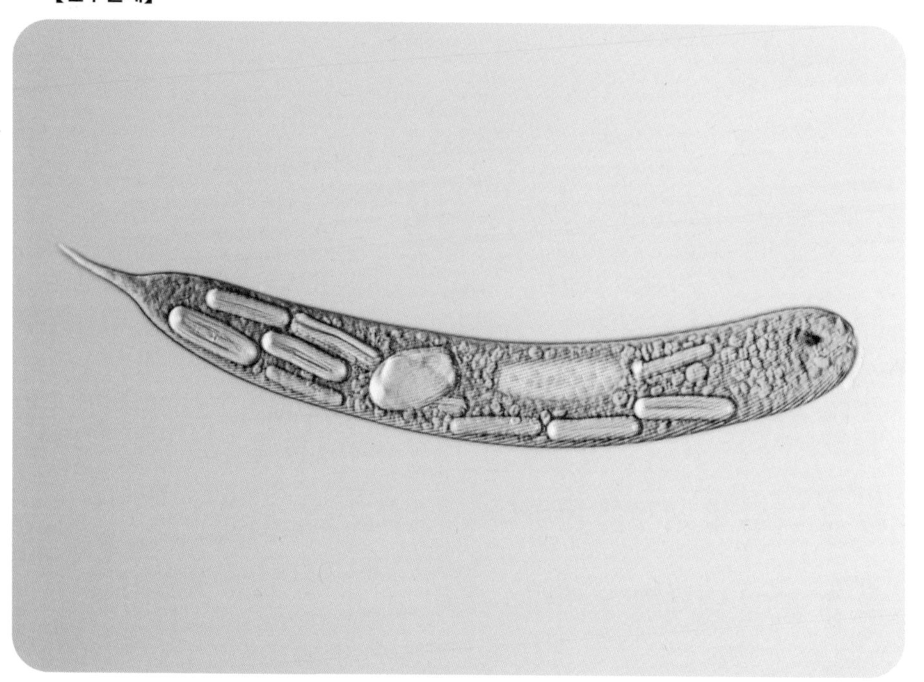

11월 18일 퀴즈 정답 2

그리마는 자신이 잘라 낸 다리에 적이 한눈을 파는 사이에 도망쳐요.

새우는 '집게발'을 무엇에 이용할까?

【징거미새우】

1. 헤엄친다.
2. 물건을 집는다.
3. 적을 잡는다.

새우는 조개와 같은 작은 생물을 먹어요.

11월 19일 퀴즈 정답 1

수컷 호랑이꼬리여우원숭이는 자주 싸우는데, 손목과 어깨에서 나는 냄새를 꼬리에 묻혀 자기가 힘세다는 것을 드러내요. 이를 통해 다른 동물이 자기 영역에 들어오지 못하게 막지요.

걸을 때는 꼬리를 세워요.

11월 22일

치타는 얼마나 자주 사냥에 성공할까?

【치타】

치타는 무척 빨리 달리는데, 어느 정도의 확률로 먹잇감 사냥에 성공할까?

1. 두 번에 한 번
2. 세 번에 한 번
3. 스무 번에 한 번

11월 20일 퀴즈 정답 3

연두벌레는 식물처럼 광합성을 하는 생물로, 편모라는 긴 털을 이용해 헤엄쳐요.

연두벌레가 많은 연못은 연두색으로 보여요.

개미는 같은 굴에 사는 동료를 무엇으로 구분할까?

1. 냄새
2. 울음소리
3. 몸의 무늬

대부분의 개미는 굴을 파고 함께 생활해요.

【일본왕개미】

11월 21일 퀴즈 정답 2

새우의 '집게발'은 먹잇감이나 물건 등을 집는 데 편리해요. 가재의 집게발은 아주 크지요.

11월 24일

갑각류 · 다지류·복족류

딱총새우는 왜 이런 이름이 붙었을까?

【딱총새우】

양쪽에 달린 집게발의 크기와 생김새가 서로 달라요.

1. 옆에서 본 모습이 딱총 같아서
2. 집게발을 딱딱거리며 물총처럼 물을 쏴서
3. 딱총의 총알처럼 빨리 헤엄쳐서

11월 22일 퀴즈 정답 1

치타는 달리는 속도가 매우 빠르지만 그 속도를 오래 지속하지는 못해요. 고양이과 중에서는 사냥 성공률이 높은 편이랍니다.

망토개코원숭이의 이름에 '망토'가 들어간 이유는?

① 망토를 입은 것처럼 보여서

② 망토처럼 진한 색이어서

③ 망토라는 사람이 발견해서

【망토개코원숭이】

망토개코원숭이는 아프리카에 사는 원숭이의 한 종류예요.

11월 23일 퀴즈 정답 ①

개미는 같은 굴에 사는 동료를 몸에서 나는 냄새로 구별해요. 냄새는 더듬이로 맡지요.

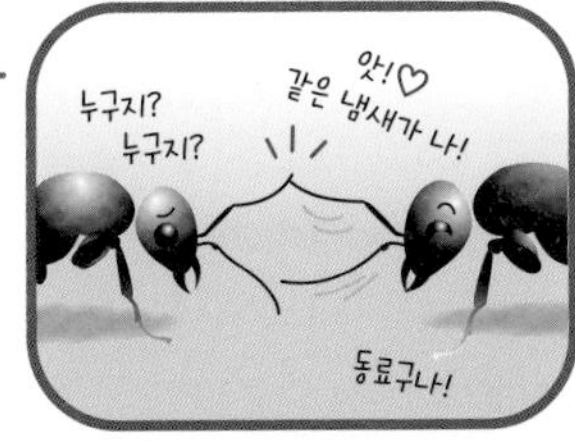

악어거북은 얼마나 오래 살까?

외래종인 악어거북은 늑대거북의 한 종류로, 무는 힘이 강해서 매우 위험해요. 사람들은 거북을 오래전부터 장수의 상징으로 여겼어요.

얼굴과 등껍질이 악어와 비슷해요.

【늑대거북】

1. 10년
2. 50년
3. 150년

11월 24일 퀴즈 정답 2

딱총새우는 커다란 집게발로 '딱딱' 하고 큰 소리를 내며 물을 내리쳐 물총을 쏘아서 작은 물고기를 사냥해요.

수페르사우루스가 하루에 먹는 양은 어느 정도였을까?

【수페르사우루스】

1. 50킬로그램
2. 100킬로그램
3. 500킬로그램

초식 공룡인 수페르사우루스는 공룡 중에서도 특히 큰 종이에요. 몸길이는 33미터, 목 길이는 12미터로 목 길이가 티라노사우루스의 몸길이와 비슷할 정도로 길었어요.

11월 25일 퀴즈 정답 1

수컷 망토개코원숭이가 다 자라면 어깨에서 목에 걸쳐 하얗고 긴 털이 나요. 이 모습이 마치 망토를 둘러 입은 듯하다고 해서 망토개코원숭이로 불리게 되었답니다.

혹집게벌레의 애벌레는 알에서 나와 가장 먼저 무엇을 먹을까?

【혹집게벌레】

1. 어미의 똥
2. 어미의 몸
3. 다른 벌레의 알

혹집게벌레는 산속의 강변에 살아요. 어미는 정성을 다해 알을 돌보지요.

11월 26일 퀴즈 정답 3

악어거북은 100년 이상 산다고 해요. 무척 오래 살지요. 반려동물로 키우기도 하는 붉은귀거북은 40년 이상 산답니다.

모치는 '출세어'로 불리는데, 다 자라면 무엇이 될까?

성장 단계에 따라 불리는 이름이 다른 물고기를 '출세어'라고 해요. 모치보다 어린 물고기는 동어로 불려요.

【모치】

일본에서는 새해가 되면 출세를 기원하면서 '출세어'를 먹어요. '출세'는 세상에 나가 성공한다는 뜻이에요.

1. 방어
2. 농어
3. 숭어

11월 27일 퀴즈 정답 3

수페르사우루스는 몸집이 커서 먹는 양도 어마어마하게 많았어요. 몸집이 얼마나 큰지 육식 공룡들조차 공격하기 쉽지 않았다고 해요.

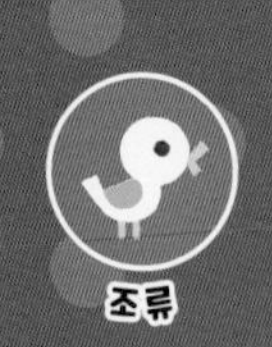

닭이 알을 하나 낳는 데는 시간이 얼마나 걸릴까?

【닭】

1. 5시간
2. 25시간
3. 30일

닭은 태어나서 150일이 지나면 알을 낳을 수 있어요.

11월 28일 퀴즈 정답 2

어미 혹집게벌레는 아무것도 먹지 않고 알을 품은 후 새끼가 부화하면 자신의 몸을 먹이로 줘요.

12월의 퀴즈

12
월
1
일

여름에 검은색인 담비의 얼굴은 겨울에 무슨 색으로 바뀔까?

여름의 담비

【담비】

1 하얀색

2 갈색

3 회색

담비는 족제비의 한 종류로 낮은 산지에 살아요. 곤충과 새, 쥐, 나무 열매 등을 먹는답니다.

11월 29일 퀴즈 정답 3

숭어의 이름은 지방에 따라 다르지만, 보통은 성장하면서 동어→모치→숭어 등으로 불려요.

이 두더지의 이름은 무엇일까?

이 두더지는 미국에 살고, 물에 들어가 먹잇감을 찾아요.

1. 별코두더지
2. 작은일본두더지
3. 큰두더지

【두더지】

11월 30일 퀴즈 정답 2

닭이 달걀 하나를 낳는 데는 약 24~25시간이 걸리므로, 하루에 약 한 개의 알을 낳아요.

누에고치 실의 길이는 몇 미터 정도일까?

【누에】

누에가 번데기가 될 때 만드는 고치의 실은 옷에 사용하는 '명주실'이 되어요. 사람들은 5,000년보다 훨씬 전부터 누에를 길러 실을 만들어 냈어요.

1 100미터

2 800미터

3 1,500미터

누에는 누에나방의 애벌래예요. 어른이 되면 날개 돋친 나방이 된답니다.

12월 1일 퀴즈 정답 **1**

추운 지역에 사는 담비는 여름과 겨울에 얼굴의 털 색깔이 변해요. 반면에 따뜻한 지역에 사는 담비는 얼굴의 털 색깔이 일 년 내내 어두운 색깔이에요.

일본 아오모리현에 사는 담비의 한겨울 모습.

거품벌레의 거품은 무엇으로 이루어져 있을까?

1 침

2 오줌

3 땀

노린재의 한 종류인 거품벌레의 애벌레는 거품을 만들고 어른벌레가 될 때까지 그 속에서 살아요.

【거품벌레】

12월 2일 퀴즈 정답 1

별코두더지의 코에 나 있는 돌기는 별처럼 생겼어요. 이 돌기는 아주 민감해서 뭔가를 살짝 건드리기만 해도 먹을 것인지 아닌지 판단할 수 있어요.

훔볼트펭귄은 어디에 집을 만들까?

【훔볼트펭귄】

1. 절벽이나 모래밭
2. 커다란 나무 구멍
3. 풀숲

훔볼트펭귄은 남아메리카 바닷가에 살아요. 바닷속을 재빠르게 헤엄치며 물고기를 잡아먹는답니다.

12월 3일 퀴즈 정답 3

누에의 실 두께는 0.02밀리미터 정도로, 인간의 머리카락보다 얇아요. 누에는 자연에서는 서식하지 않아요.

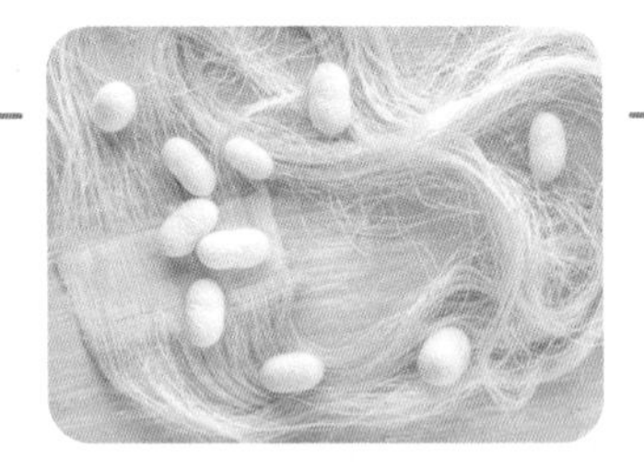

미국가재는 겨울 동안 어디에 숨어 있을까?

1. 진흙이나 흙에 파 놓은 굴속
2. 물 바닥
3. 사람이 사는 집 근처

연못과 늪, 논에 사는 미국가재는 추운 겨울이 오면 모습을 감춰요. 대체 어디에 숨어 있는 걸까요?

【미국가재】

12월 4일 퀴즈 정답 2

거품벌레의 거품은 오줌으로 이루어져 있어요. 이 튼튼한 거품 집은 비바람이 몰아치거나 햇빛을 받아도 무너지지 않아요.

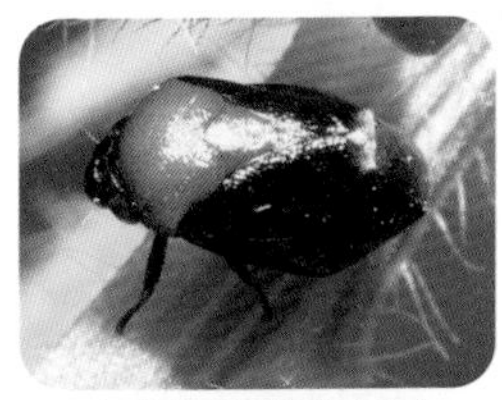
다 자란 거품벌레의 모습

12
월
7
일

긴팔원숭이는 나뭇가지 위를 걸을 때 양팔을 어떻게 할까?

긴팔원숭이의 기다란 팔은 나뭇가지에 매달려 재빨리 이동하는 데 편리해요. 하지만 너무 길어서 두 다리로 서면 팔이 땅에 닿아 걷기 불편하지요. 과연 나뭇가지 위를 걸을 때는 어떨까요?

【긴팔원숭이】

1. 가슴 앞에서 팔짱을 낀다.
2. 머리 위에 얹는다.
3. 양옆으로 벌린다.

12월 5일 퀴즈 정답 1

훔볼트펭귄이 사는 남미 바닷가에는 건조한 모래밭이 많아요. 훔볼트펭귄은 모래밭에 구멍을 판 뒤 그 속에 알을 낳지요.

흰꼬리사슴은 위험을 느끼면 동료에게 어떤 신호를 보낼까?

❶ 꼬리를 세운다.

❷ 귀를 좌우로 움직인다.

❸ 제자리 뛰기를 한다.

흰꼬리사슴 같은 초식 동물은 언제 어디에서든 육식 동물의 먹잇감이 될 위험이 있어요. 그래서 무리 지어 생활하며, 적이 다가오는 것을 재빨리 알아차려 도망칠 수 있도록 서로 도와요.

【흰꼬리사슴】

12월 6일 퀴즈 정답 ❶

미국가재는 굴 파기 선수예요. 추운 겨울에는 흙 속에서 생활해요.

12월 9일

일반 포유류와 다른 오리너구리만의 특징은 무엇일까?

【오리너구리】

오리너구리는 호주에 살아요. 주둥이는 오리, 두툼한 꼬리는 비버를 닮았어요. 또 수달처럼 몸통이 두껍고 털이 물에 잘 젖지 않아요.

1. 등뼈가 없다.
2. 암컷에게 젖이 없다.
3. 알에서 태어난다.

12월 7일 퀴즈 정답 3

긴팔원숭이는 몸길이의 2배 이상 긴 팔을 양옆으로 뻗은 채 균형을 잡으며 나무 위를 걸어요.

딱따구리는 어떻게 먹잇감을 잡을까?

1. 발톱이 달린 발로 잡는다.
2. 뾰족한 부리로 찍는다.
3. 얇고 긴 혀로 감싼다.

【까막딱따구리】

딱따구리는 주로 나무 안에 있는 벌레나 거미를 잡아먹어요. 어떻게 잡아먹을까요?

12월 8일 퀴즈 정답 1

흰꼬리사슴은 위험을 느끼면 꼬리를 들어, 동료에게 하얀 엉덩이 털을 보여 위험을 알려요.

12월 11일

갑각류 다지류·복족류

공벌레가 몸을 동그랗게 말 수 없을 때는 언제일까?

위협을 느끼면 몸을 동그랗게 마는 공벌레도
몸을 말 수 없을 때가 있어요.

1. 먹이를 갓 먹었을 때
2. 알을 지킬 때
3. 막 탈피했을 때

12월 9일 퀴즈 정답 3

오리너구리는 포유류지만 새와 파충류처럼
알을 낳아요.

육식 공룡 수코미무스의 턱에는 이빨이 몇 개나 있었을까?

1. 50개
2. 100개
3. 150개

물고기를 가장 좋아하는 수코미무스는 기다란 턱에 난 수많은 이빨로 물고기와 동물을 잡아먹었어요.

【수코미무스】

12월 10일 퀴즈 정답 3

딱따구리는 길고 얇은 혀를 나무 속에 집어넣어 벌레를 잡아먹어요. 끈적거리는 침과 혀끝에 있는 돌기로 벌레를 붙잡지요.

12 월 13 일

향유고래는 몇 미터 깊이까지 잠수할 수 있을까?

【향유고래】

1. 30미터
2. 300미터
3. 3,000미터

잠수가 특기인 향유고래는 네모난 머리 모양이 특징이에요. 이빨이 있는 동물 중에서는 세계에서 가장 큰 것으로 알려져 있어요.

12월 11일 퀴즈 정답 2

공벌레는 배 안의 주머니에 알을 넣어 키워요. 그래서 알을 지킬 때는 몸을 동그랗게 말 수 없어요.

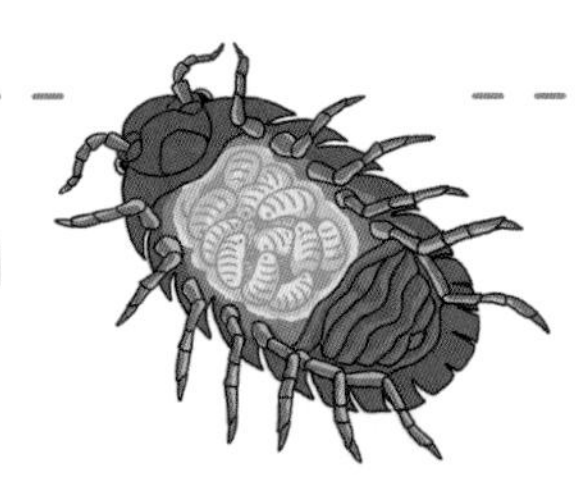

개미가 한 줄로 갈 때 손가락으로 막으면 어떻게 될까?

개미들은 줄지어 다니는 습성이 있어요. 밖에 나왔다가 원래 있던 굴로 돌아갈 수 있도록 다 함께 줄을 지어 이동해요.

【일본왕개미】

1. 손가락을 넘어 계속 줄지어 간다.
2. 당황해서 뿔뿔이 흩어진다.
3. 손가락을 피해 다시 줄을 짓는다.

12월 12일 퀴즈 정답 2

수코미무스는 '악어를 닮은'이라는 뜻이에요. 턱이 길고 얼굴이 악어처럼 생겨서 이런 이름이 붙었어요.

흰수염고래의 심장 무게는 어느 정도일까?

1. 침팬지 정도
2. 사자 정도
3. 북극곰 정도

흰수염고래는 지구상에서 가장 큰 동물이에요. 크릴이라는 작은 새우를 하루에 5톤이나 먹어치우지요.

【흰수염고래】

12월 13일 퀴즈 정답 3

향유고래는 1,000미터 이상 깊이 잠수해 대왕오징어 등을 잡아먹어요. 두 시간 이상 계속 잠수할 수도 있답니다.

수컷 흰연어는 짝 짓는 시기에 몸의 일부가 길게 휘는데, 어디일까?

【흰연어】

연어(흰연어)는 강 상류에서 태어나 바다로 나와요. 그러다가 짝 짓는 시기가 되면 강으로 되돌아온답니다.

1. 등지느러미
2. 아가미
3. 주둥이 끝

12월 14일 퀴즈 정답 2

개미는 앞서 가는 개미의 냄새를 따라가기 때문에 손가락으로 길을 막으면 어디로 가야 하는지 모르게 돼요. 하지만 금방 냄새를 찾아 다시 줄을 짓는답니다.

12 월 17 일

솔방울도마뱀의 굵고 동그란 꼬리는 어떤 역할을 할까?

1. 어디가 머리인지 적이 구별하기 어렵게 한다.
2. 적을 공격한다.
3. 몸의 균형을 잡는다.

솔방울도마뱀은 호주의 초원과 삼림 등지에 살아요.

【솔방울도마뱀】

12월 15일 퀴즈 정답 3

흰수염고래의 심장 무게는 커다란 북극곰의 몸 무게와 비슷해요. 무려 600킬로그램에 달하는 것도 있답니다.

높은 산에 사는 뇌조는 겨울에 무슨 색이 될까?

【뇌조】

1 하얀색

2 회색

3 노란색

뇌조는 높은 산에 살며, 여름에는 갈색빛을 띠어요.

12월 16일 퀴즈 정답 3

연어(흰연어) 수컷은 짝 짓는 시기가 되면 주둥이 끝이 휘어요. 이렇게 휜 주둥이는 암컷을 두고 다른 수컷과 싸울 때 무기가 된답니다.

12 월 19 일

꼬마벌새의 몸길이는 어느 정도일까?

【꼬마벌새】

1. 12센티미터
2. 9센티미터
3. 6센티미터

꼬마벌새는 세계에서 가장 작은 새예요. 참고로 참새는 몸길이가 15센티미터 정도랍니다.

12월 17일 퀴즈 정답 1

솔방울도마뱀의 굵고 동그란 꼬리는 머리처럼 생겨서, 적이 어디를 공격해야 할지 헷갈리게 해요.

가장 큰 공룡 알은 크기가 얼마나 될까?

1. 지름 15센티미터
2. 지름 30센티미터
3. 지름 60센티미터

가장 큰 공룡 알 화석은 중국에서 발견되었어요. 가장 작은 공룡 알 화석은 지름 2센티미터 정도로 메추리 알 크기예요.

메추리알

12월 18일 퀴즈 정답 1

눈이 내리면 뇌조는 눈에 잘 띄지 않는 하얀색으로 바뀌어요. 뇌조는 빙하 시대부터 살던 오래된 새랍니다.

겨울의 뇌조

12월 21일

'가장 추운 북쪽 지역'에 사는 원숭이는 다음 중 무엇일까?

① 흰손긴팔원숭이

② 일본원숭이

③ 호랑이꼬리여우원숭이

12월 19일 퀴즈 정답 ③

꼬마벌새의 몸길이는 참새의 절반도 되지 않아요. 몸무게는 겨우 2그램 정도인데 1원짜리 동전 2개 무게 정도랍니다.

고양이의 혀는 어떻게 생겼을까?

【고양이】

고양이와 사자 등 고양이과 동물의 혀는 모두 같은 특징을 가지고 있어요.

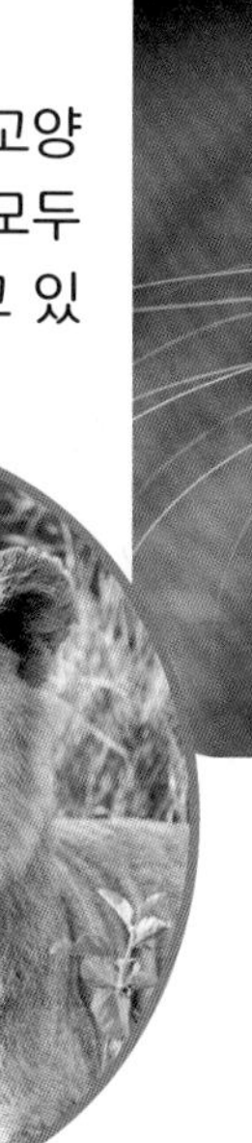

【사자】

1. 까끌까끌하다.
2. 매끈매끈하다.
3. 두 갈래로 나뉘어 있다.

12월 20일 퀴즈 정답 3

공룡 알은 현재 지구상에서 가장 큰 알인 타조 알 크기의 4배예요.

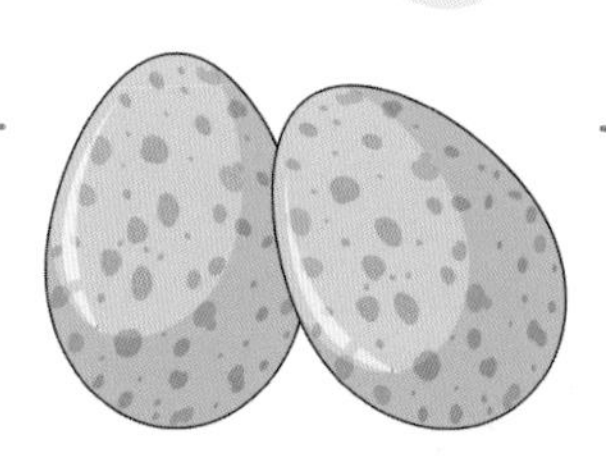

오리너구리가 전기를 느끼는 특별한 기관은 어디에 있을까?

【오리너구리】

1 앞발

2 부리

3 꼬리

오리너구리는 곤충이나 새우 등을 잡아먹어요. 이빨이 없어서 먹잇감과 자갈을 함께 삼킨 후 잘게 부숴요.

12월 21일 퀴즈 정답 2

온천에 들어가 몸을 따뜻하게 하는 일본원숭이

일본 아오모리현에 사는 일본원숭이가 가장 추운 북쪽 지역에 사는 원숭이예요. 흰손긴팔원숭이는 동남아시아, 호랑이꼬리여우원숭이는 아프리카의 마다가스카르섬에 살아요.

비단벌레의 몸은 왜 무지개색일까?

【비단벌레】

1. 적으로부터 몸을 보호하기 위해
2. 동료를 유혹하기 위해
3. 표면이 특별한 구조로 이루어져 있어서

12월 22일 퀴즈 정답 1

고양이과 동물은 까끌까끌한 혀로 뼈에 붙은 고기를 긁어 먹어요.

순록은 얼마나 빨리 달릴까?

【순록】

1. 인간이 달리는 정도
2. 자동차가 달리는 정도
3. 특급 열차가 달리는 정도

순록은 산타클로스의 썰매를 끄는 동물로 유명해요. 북극 주변의 몹시 추운 지역에 살며, 수컷과 암컷 모두 뿔이 달린 유일한 사슴이에요.

12월 23일 퀴즈 정답 2

오리너구리는 부리로 생물이 내뿜는 약한 전기를 느껴서 먹잇감을 찾을 수 있어요.

눈을 감고 있어요.

독개구리의 몸 색깔은 왜 화려할까?

1. 다른 개구리에게 자신의 아름다움을 뽐내기 위해
2. 적에게 독이 있음을 알리기 위해
3. 암컷을 유혹하기 위해

중앙아메리카에 사는 딸기독화살개구리는 아주 화려한 빨간색이에요. 독개구리 중에는 노란색이나 파란색도 있어요.

12월 24일 퀴즈 정답 3

사실 비단벌레의 몸에는 색이 없어요. 오돌토돌한 몸의 표면에 빛이 반사하면서 반짝반짝 빛나는 것처럼 보인답니다.

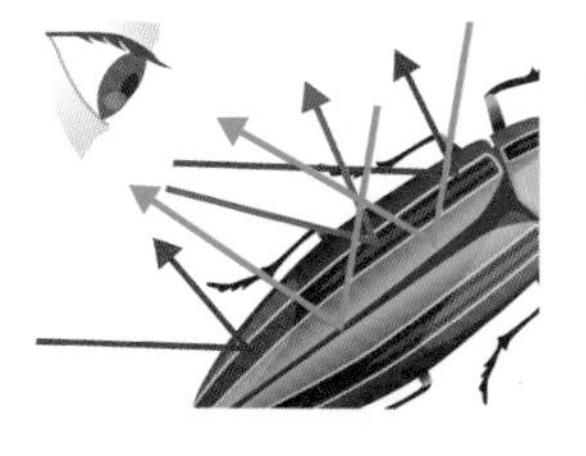

12월 27일 어류 수중 생물

문어는 어디로 맛과 냄새를 느낄까?

문어에게는 3개의 심장과 8개의 다리가 있어요.

문어는 회, 볶음밥 등 맛있는 요리에 두루 쓰여요.

1. 눈
2. 입
3. 빨판

12월 25일 퀴즈 정답 2

예로부터 순록은 추운 지역에서 중요한 이동 수단으로서 인간에게 큰 도움을 주었어요.

순록과 시베리아인

수컷 맨드릴은 자신의 강함을 어떻게 표현할까?

【맨드릴】

1. 냄새로
2. 얼굴로
3. 울음소리로

맨드릴은 서아프리카 숲속에 살며,
수컷이 암컷보다 몸집이 커요.

12월 26일 퀴즈 정답 2

독개구리에게는 강력한 독이 있어요. 예쁘다고 만지면 절대 안 된답니다.

녹흑독화살개구리

12 월 29 일

장수풍뎅이 애벌레는 어디에서 겨울을 날까?

1 흙 속

2 나무 구멍

3 나뭇잎 위

여름철 숲에 가면 장수풍뎅이를 발견할 수 있어요. 겨울이 되면 어디로 갈까요?

12월 27일 퀴즈 정답 3

문어는 다리 하나에 빨판이 200~240개나 붙어 있어요. 이 빨판으로 어디든 잘 달라붙을 뿐 아니라 맛을 느낄 수도 있지요.

하마는 어둠 속에서 집으로 돌아가기 위해 어떻게 걸을까?

【하마】

1. **똥을 싸며 걷는다.**
2. **길을 개척하며 걷는다.**
3. **풀을 먹으며 걷는다.**

하마는 더위를 싫어해서 낮에는 물속에서 생활하고, 밤이 되면 땅으로 올라와 풀을 뜯어 먹어요. 물가 근처의 풀을 모조리 먹고 나면, 새로운 풀을 찾아 수 킬로미터나 떨어진 곳까지 걸어가기도 해요.

12월 28일 퀴즈 정답 2

수컷 맨드릴은 화려한 얼굴로 암컷을 유혹해요. 건장하고 강한 수컷일수록 얼굴색이 화려하지요.

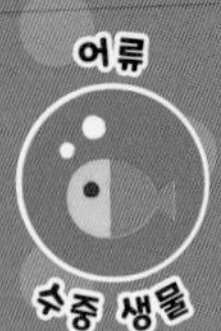

해마가 해초에 꼬리를 둘러 감는 이유는 무엇일까?

1. 해류에 떠밀려 가지 않기 위해
2. 해초를 먹기 위해
3. 몸이 위로 둥둥 뜨지 않도록 하기 위해

해마는 따뜻한 바다의 얕은 여울에 살아요.

【해마】

12월 29일 퀴즈 정답 1

장수풍뎅이 애벌레는 흙 속에서 겨울을 나고 5~6월이 되면 번데기가 돼요.

【참고문헌】

- 《動物のふしぎ大発見》, ナツメ社.
- 《楽しい調べ学習シリーズなぜ? どうして? 昆虫図鑑おどろきの能力がいっぱい!》, 《楽しい調べ学習シリーズ日本の恐竜大研究》, ともにPHP研究所.
- 《おもしろミクロ生物の世界》, 偕成社.
- 《学研の図鑑LIVE爬虫類・両生類》, 《新ポケット版学研の図鑑爬虫類・両生類》, 《学研の図鑑LIVE 水の生き物》, 《学研の図鑑LIVE 魚》, 《新ポケット版学研の図鑑動物》, 《動物最強王図鑑》, 《学研の図鑑LIVE 恐竜新版》, 《学研の図鑑LIVEPetitもふもふバンダといっしょ》, 《ニューワイド学研の図鑑動物》, 《ニューワイド学研の図鑑iひみつの図鑑》, 《恐竜世界大百科》, 《ニューワイド学研の図鑑恐竜》, 《ふしぎこどもずかん》, Gakken.
- 《こんちゅうクンのいちばん虫ずかん》, シャスタインターナショナル.
  《小学館の図鑑NEOPOCKET水辺の生物》, 『小学館の図鑑NEO POCKET鳥》, ともに小学館.
- 《やりすぎ恐竜図鑑なんでここまで進化した!?》, 宝島社.
- 《ポプラディア情報館鳥のふしぎ》, 《これだけは知っておきたい恐竜の大常識》, ともにポプラ社.
- 《微生物の世界を探検しよう: 顕微鏡を使って楽しむ》, 誠文堂新光社.

12월 30일 퀴즈 정답 1

하마가 꼬리를 이용해 똥을 흩뿌리는 것은 자기 영역을 표시하는 동시에, 냄새를 따라 길을 찾기 위해서예요.

퀴즈에 나오는 생물들

지구에는 약 1,000만 종 이상의 생물이 있다고 해요. 이렇게 많은 생물을 이해하기 쉽게 비슷한 무리로 나누었는데, 같은 무리에 속한 생물은 생김새나 생태가 서로 비슷하고 같은 장소에 살기도 해요.

포유류

포유류의 어미는 새끼를 낳고 젖을 먹여요. 흔하지는 않지만 알을 낳는 포유류도 있어요. 인간도 포유류에 속해요.

조류

새는 대부분 하늘 높이 날지만, 날지 못하고 땅 위를 걷거나 달리는 새도 있어요. 모두 단단한 알에서 태어나며 깃털과 부리가 있어요.

파충류

파충류는 비늘이 있고 몸이 차가워요. 스스로 체온을 유지하지 못해 햇볕을 쬐며 몸을 따뜻하게 해요.

양서류

양서류는 피부가 매끈하고 물기가 많아요. 몸이 건조해지지 않도록 피부를 항상 촉촉한 상태로 유지하지요. 대부분 물속에 알을 낳고 강이나 연못 근처에서 살아요.

12월 31일 퀴즈 정답 1

해마는 꼬리가 없어서 해류에 휩쓸리기 쉬워요.
그래서 꼬리를 해초에 감아 두지요.

곤충류, 거미류
곤충은 대부분 머리, 가슴, 배로 이루어져 있고 3쌍의 다리와 2쌍의 날개를 가지고 있어요. 날개가 없는 곤충도 있답니다. 거미는 다리가 8개로 곤충이 아니에요. 거미줄을 쳐서 작은 곤층을 잡아먹어요 .

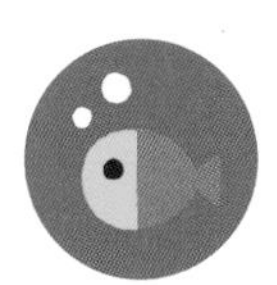

어류
물고기는 물속에서 살며 대부분 알에서 태어나요. 몸은 비늘로 덮여 있고, 아가미로 숨을 쉬며 지느러미를 이용해 헤엄쳐요.

갑각류, 다지류, 복족류
갑각류는 몸이 단단한 껍데기나 등딱지로 덮여 있어요. 대부분 물속에서 살며 아가미로 숨을 쉬어요. 다지류는 몸이 여러 마디로 나뉜 절지동물 중에서 다리가 많은 종류를 가리켜요. 복족류는 배, 즉 복부에 다리가 붙은 형태의 연체동물이에요.

미생물
눈에 보이지 않을 정도로 작은 생물이에요. 대부분 1밀리미터보다 작지만 생태계에서 다양한 역할을 해요.

공룡
지금은 존재하지 않지만 '파충류의 조상'으로 불려요. 식물을 먹는 초식 공룡과 동물을 먹는 육식 공룡으로 나뉘어요.

감수 이마이즈미 다다아키
일본동물과학연구소 소장, 고양이박물관 관장
1944년 일본 도쿄에서 태어났어요. 국립과학박물관 특별 연구원, 후지자연동물원협회 연구원, 우에노동물원 동물 해설원 등으로 일했어요. 문부성(현재 문부과학성)의 국제 생물 계획 조사, 일본 열도 종합 조사, 일본 야생생물기금 및 환경청(현재 환경성) 조사에도 참여했지요. 전문 분야는 포유류를 바탕으로 한 분류학, 생태학이에요. 국내에 소개된 저서로는 《안타까운 동물 사전》, 《우리 집 고양이의 행동 심리》, 《깜짝 놀랄 이유가 있어서 진화했습니다》, 《개성만점 동물 똥 퀴즈》 외 다수가 있고, 감수로 참여한 저서로는 《억울한 이유가 있어서 멸종했습니다》, 《초위험생물 최강배틀 대도감》 등이 있어요.

한국어판 감수 한영식
다양한 곤충의 세상에 매료되어 곤충을 탐사하고 연구하는 곤충연구가로, 현재 곤충생태교육연구소 <한숲> 대표로 활동 중이세요. 숲 해설가, 유아 숲 지도사, 자연환경해설사 양성과정 등 자연교육을 진행 중이며 KBS, SBS, EBS 등의 다큐 방송에 자문을 담당하고 계세요. 저서로는 《여름 숲속에서 반딧불이가 반짝여!》, 《곤충 학습 도감》, 《봄·여름·가을·겨울 곤충도감》, 《신기한 곤충 이야기》, 《곤충쉽게찾기》, 《쉬운 곤충책》, 《궁금했어, 곤충》, 《우리와 함께 살아가는 곤충 이야기》 등이 있어요.

옮김 김나정
일본 릿쿄대학에서 국제경영학을 전공하고 이화여자대학교 통역번역대학원에서 번역학 석사학위를 취득했어요. 현재 출판 번역 에이전시 유엔제이에서 일본어 번역가로 활동하고 있어요. 옮긴 책으로 《논리적으로 생각하는 습관》, 《논리적으로 글 쓰는 습관》, 《크리에이티브 사고를 방해하는 것들》, 《1분만 누르면 통증이 낫는 기적의 지압법》, 《어디에도 없는 기발한 캐릭터 작화 가이드 30》, 《문구의 자초지종》, 《대바늘뜨기가 즐거워지는 원더 니트》 등이 있어요.

2025년 1월 20일 1판 1쇄 발행
감수 **이마이즈미 다다아키** | 한국어판 감수 **한영식** | 옮김 **김나정**
펴낸이 **문제천** | 펴낸곳 **㈜은하수미디어**
편집진행 **문미라** | 편집 **방기은** | 편집지원 **김혜영**
디자인 **정수연, 김해은** | 디자인지원 **SUHO** | 제작책임 **문제천**
주소 **서울시 송파구 송이로32길 18, 405 (문정동, 4층)**
대표전화 (02)449-2701 | 팩스 (02)404-8768 | 편집부 (02)3402-1386
출판등록 **제22-590호(2000. 7. 10.)**